湖南通道玉带河
国家湿地公园鸟类监测手册

张志强　曾垂亮　陆奇勇　编著

国家一级出版社　中国纺织出版社　全国百佳图书出版单位

《湖南通道玉带河国家湿地公园鸟类监测手册》

编 委 会

序　言 | PREFACE

欣闻由中南林业科技大学张志强老师牵头编著的《湖南通道玉带河国家湿地公园鸟类监测手册》即将付梓，特表衷心祝贺！

湿地被称为“地球之肾”，是维持自然界丰富的生物多样性和人类社会赖以生存发展的重要生态环境之一。如今，湿地保护已经受到党中央、国务院和社会各界的高度重视，湿地公园制度是我国湿地保护制度的重要一环。自2005年国家批准设立第一个国家湿地公园以来，我国已建立898处国家湿地公园。鸟类与湿地关系紧密，是湿地生态系统中最活跃、最引人注目的组成部分。实践证明，我国湿地公园建设对于湿地鸟类多样性保护发挥了重要作用。

湖南自古以来就以“鱼米之乡”闻名于世，境内湿地面积广阔，类型多样，当前全省共建设70处国家湿地公园和7处省级湿地公园，国家湿地公园数量居全国首列。

因工作原因，我曾参与过一些湿地保护管理相关法律法规的起草工作，也曾多次到湖南考察自然保护地，对湖南省各类型国家湿地公园湿地鸟类资源状况较为熟悉。

通道玉带河国家湿地公园属河流湿地型湿地公园，处于湖南省西南边陲地区，独特的地理区位与良好的生境条件孕育了丰富的鸟类资源。该湿地公园自2015年被批准试点建设以来，高度重视湿地鸟类资源监测工作，在依托本省高校鸟类学专业人员的同时，还充分调动了县林业局广大干部职工和本地民间鸟类摄影爱好者的观鸟热情，积累了湿地公园内绝大部分鸟类的原生态图片资料，并编撰了《湖南通道玉带河国家湿地公园鸟类监测手册》，这是湖南省国家湿地公园系统鸟类监测工作的首例，殊为不易。

希望这本手册的正式出版，也将激励全省乃至全国范围内国家湿地公园建设过程中对于鸟类资源监测与保护工作的重视力度。衷心祝愿通道玉带河国家湿地公园的明天会更好！

徐基良

国家级自然保护区评审委员会　委员

中国动物学会鸟类学分会　理事

北京林业大学生态与自然保护学院　教授

2019年11月5日

前　言 | PREFACE

为贯彻落实《中共中央、国务院关于加快推进生态文明建设的意见》（中发[2015]12号）、国务院办公厅《关于加强湿地保护管理的通知》（国办发[2004]50号）、国家林业局《关于做好湿地公园发展建设工作的通知》（林护发[2005]118号）文件精神，实现“生态立县、旅游兴县、文化强县”的目标，更好地保护玉带河湿地生态系统，中共湖南通道侗族自治县县委、县人民政府适应新常态，从全县生态建设的大局出发，审时度势地做出了建设湖南通道玉带河国家湿地公园的决定。并于2015年，国家林业局批准了《湖南通道玉带河国家湿地公园》试点建设，建设时间为五年，2020年国家验收后将正式挂牌。

湖南通道玉带河国家湿地公园（以下简称玉带河湿地公园）位于湖南省西南边陲的通道侗族自治县中部，由玉带河、渠水通道县河段、晒口水库、玉带河支流四乡河、河洲漫滩和周边部分山地等组成。玉带河湿地公园内不仅青山环抱，风景旖旎，湖光潋滟，鸟语花香，而且具有浓郁的侗族民俗风情和丰富的红色文化遗存。玉带河湿地公园生态区位优势明显，是一个不可多得的能够体现河流与水库生态系统完整性与生物多样性保育示范的场所，对保障渠水流域湿地生态安全具有重要作用。

玉带河湿地公园鸟类区系属东洋界华中区西部山地高原亚区，位于中亚候鸟重要迁徙路线的东部边缘区域，处于中国中部候鸟迁徙区。每年为众多候鸟提供良好的迁徙中停地和繁殖与越冬环境。2015年玉带河湿地公园申报国家湿地公园试点期间，经初步调查，公园记录了鸟类123种，隶属16目42科。限于当年申报试点工作时对玉带河湿地公园野生动植物本底资源调查还不甚彻底，在随后公园实施年度鸟类资源监测时；又陆续发现了国家一级保护野生动物—中华秋沙鸭（*Mergus squamatus*）、国家二级重点保护野生动物—灰鹤（*Grus grus*）、褐冠鹃隼（*Aviceda jerdoni*）、黑翅鸢（*Elanus caeruleus*）等一批玉带河湿地公园鸟类及其他动物类群的新纪录种，表明玉带河湿地公园野生动植物本底资源尚有待进一步系统调查。2018年3月，通道侗族自治县林业局邀请中南林业科技大学野生动植物保护研究所对该公园野生动植物资源本底进行系统调查与监测。经过为期一年的系统调查，在以往调查成果的基础上，调查人员又有许多新发现。截止2019年10月底，玉带河湿地公园及周边区域已记录鸟类178种，隶属17目57科。

基于以往玉带河湿地公园鸟类调查与监测的成果，为促进湿地公园鸟类资源保护、监测与宣传教育活动，通道县林业局与中南林业科技大学野生动植物保护研究所合作编撰了《湖南通道玉带河国家湿地公园鸟类监测手册》。本手册充分利用湿地公园资源监测人员、中南林业科技大学专业人员，以及通道县与省内外民间鸟类摄影爱好者在玉带河国家湿地公园拍摄的鸟类生态照片。经过仔细筛选，图文并茂地展示了174种鸟类的物种识别特征、生态类型、主要栖息地类型、行为习性、国内及本地分布状况、居留型、保护级别及特有性等信息。其中，大部分鸟类展示了鸟种的雄鸟与雌鸟、成鸟与亚成鸟、冬羽与夏羽的不同角度的照片，在野外鸟类监测过程中更加有利于对鸟种的准确识别。同时，本手册参考《国家湿地公园生态监测技术指南》（马广仁，2017）上关于湿地鸟类资源监测的技术规程，编辑了玉带河湿地公园鸟类生态监测工作方法及监测内容。此外，手册还介绍了鸟类分类术语、生态术语及鸟类野外观测技巧等鸟类学常识。

目前，《湖南通道玉带河国家湿地公园鸟类监测手册》的出版，尚属湖南省湿地公园系统内首次正式出版的国家湿地公园鸟类监测手册。该手册的出版不仅为玉带河湿地公园鸟类资源监测和保护宣传提供了详实的技术支撑，而且也为湖南省内其他湿地公园鸟类资源监测工作提供了借鉴和参考资料。同时，也可成为林业鸟类资源保护、民间鸟类观鸟爱好者及大、中、小学生的自然教育提供科普读物。然而，受限于编辑团队现有的专业知识水平与原始资料的质量尚不高，该手册在编撰过程中难免有疏漏之处，今后尚待进一步增补和完善。

目　录 | CONTENTS

第一部分

湿地鸟类监测技术

《国家湿地公园生态监测技术指南》（马广仁，2017）中指出鸟类是湿地公园重要的生物类群，也是湿地公园环境质量的重要表征，属湿地公园生态监测的必测指标。鸟类多样性监测指标主要包括种类及分布、数量、多样性、特有鸟类、国家重点保护鸟类。自2017年10月，湖南通道玉带河国家湿地公园鸟类监测方法和监测指标按照该指南实施。

一、监测样点（线）设置

根据指南样点（线）设置原则，鸟类监测采用定性调查与定量调查相结合的方法。定性调查以定点观测、调查为主，定量调查以样点法和样带法为主。

结合玉带河湿地公园鸟类主要的生境类型和鸟类频繁活动区，在湿地公园内及邻近周边区域共设置鸟类监测样带17条，监测样点22个（湖南通道玉带河国家湿地公园鸟类监测样带和样点布设图）。样带长度60km，样带间隔>500m，样点间隔>100m。

二、鸟类监测方法

1. 样点法

选择晴朗无风的天气，在日出后2h和日落前2h内进行观测，大雾、大雨、大风等天气除外。调查人员到达样点后，安静地等待5min再开始计数。将观察到或听到的鸟类种类及种群数量，按指南中规定的格式记录（表1），并拍摄鸟类及其生境照片。对难以拍摄的鸟类采用录音进行记录。

表1　鸟类样点调查记录表

湿地公园名称：＿＿＿＿＿＿＿＿＿＿　　监测日期：＿＿年＿＿月＿＿日

样点编号：＿＿＿＿＿＿　　经纬度：E＿＿＿N＿＿＿　　海拔（m）：＿＿＿＿

样点面积（m^2）：＿＿＿＿＿＿　　生境类型：＿＿＿＿＿＿　　干扰：＿＿＿＿＿＿

调查人员：＿＿＿＿＿＿　　天气：＿＿＿＿＿＿

物种编号	中文名	拉丁名	数量	行为	分布	保护级别	备注

注：1. 生境类型：河流、库塘、湖泊、沼泽、滩涂、乔木林等多种类型。2. 干扰：工程施工、钓鱼、游客、捕捞等。3. 行为：觅食、鸣唱、游水、停栖等。4. 保护级别：1——国家Ⅰ级，2——国家Ⅱ级，3——省级。

湖南通道玉带河国家湿地公园鸟类监测样带和样点布设图

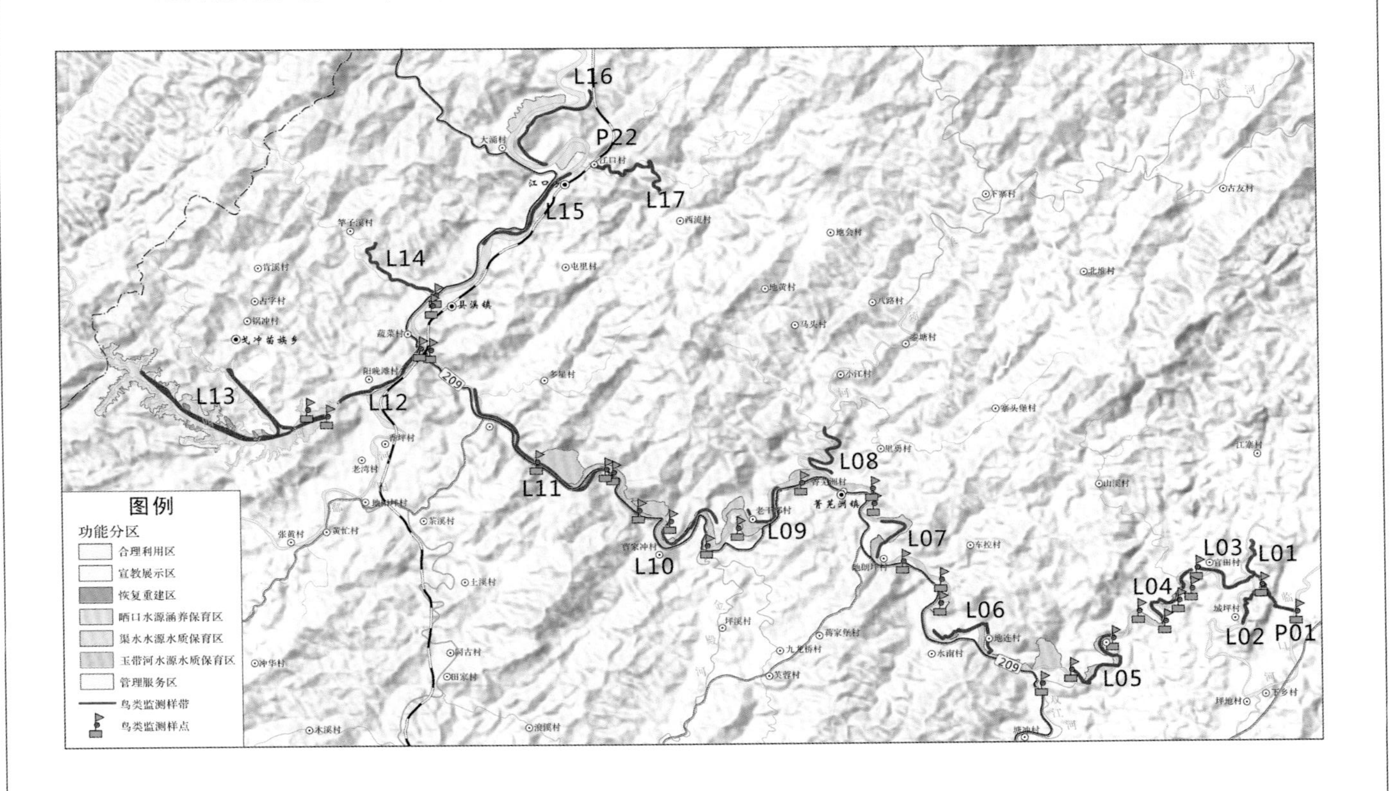

2. 样带法

选择晴朗无风的天气，在日出后2h和日落前2h内进行观测，大雾、大雨、大风等天气除外。调查人员沿固定样带行走，速度为1～2km/h，观察、记录样带两侧和前方看到或听到的鸟类种类及种群数量，不记录从调查人员身后向前飞的鸟类。按指南中规定的格式记录（表2），并拍摄鸟类及其生境照片。对难以拍摄的鸟类可采用录音进行记录。

表2 鸟类样带调查记录表

湿地公园名称：____________　　监测日期：____年____月____日

样点编号：____________　　经纬度：E____N____　　海拔（m）：________

样点面积（m^2）：____________　　生境类型：____________　　干扰：____________

调查人员：____________　　天气：____________

物种编号	中文名	拉丁名	数量	行为	分布	保护级别	备注

注：1. 生境类型：河流、库塘、湖泊、沼泽、滩涂、乔木林等多种类型。2. 干扰：工程施工、钓鱼、游客、捕捞等。3. 行为：觅食、鸣唱、游水、停栖等。4. 保护级别：1——国家Ⅰ级，2——国家Ⅱ级，3——省级。

3. 红外相机自动拍摄法

热成像法是利用目前较普遍的红外热成像仪，进行样点或样带上鸟类数量调查的方法，该方法能够拍摄到稀有或者活动隐蔽的在地面活动鸟类。首先对鸟类的活动区域和日常活动路线进行调查，在此基础上将红外相机安置在目标鸟类经常出没的通道或者活动密集区域。依据分层抽样或系统抽样法设置红外观测设备，每个生境类型下设置不少于5 个观测点。根据设备供电情况，定期巡视样点并及时更换调离，调试设备，下载数据。记录各样点拍摄到的鸟类的数量、种类等信息。

三、野生动物定量分析指标

陆生野生脊椎动物（两栖动物、爬行动物、鸟类、兽类）样方和样带调查数据定量分析指标及计算公式如下：

（1）优势度指数：RB 频率指数，该指数是将调查期间某种动物的遇见率R和该种动物每天平均遇见数量B的乘积，即$r = R \times B = (d/D \times 100) \times (N/D)$。其中，$d$指遇见该种动物的天数，$D$指调查工作总天数，$N$为该种动物的总数量。凡指数在500以上的视为优势种，指数在200～500之间的视为普通种，指数在200以下的视为稀有种或偶见种。

（2）密度D：单位为只/hm^2，$D=(D_1+D_2+D_3+\cdots+D_n)/n$；$D_n=N_n/A_n$；$D$为某个样

区某种动物的密度；D_n为第n条样线某种动物的密度；N_n为第n条样线某种动物的数量；A_n为第n条样线的面积。

（3）物种多样性指数以Shannon-Weiner公式计算：$H'=-\sum P_i \ln P_i$。其中P_i为物种i的个体数与所有物种的总个体数之比。

（4）均匀性指数以Pielou公式计算：$J=H'/Hmax$ 或$J=H'/\ln S$。其中Hmax为$\ln S$，H' 同前，S为物种数。

（5）相似系数：$S=2c/(a+b)$，其中c为2个群落中共有的物种数；a为群落A中的物种数；b为群落B中的物种数。

四、主要调查设备

本调查团队配备的野生动物观测设备主要包括：航拍无人机（DJI Phantom 4 pro）、10倍双筒望远镜（SWAROVSKI）、60倍单筒望远镜（SWAROVSKI）、GPS手持式定位仪（GARMIN - VISTA）、专业单反相机佳能5DMark III＋EF100-400mm f/4.5-5.6L IS II USM长焦镜头、专业单反相机尼康D850+AF-S VR MICRO 105mm f/2.8G ED微距镜头、索尼高清摄像机（NEX-EA50CH）和野外动物鸣声录音分析仪＋软件（avisoft）。

五、调查时间及频率

根据鸟类生命活动周期与习性特点，每月对所有样点和样带的鸟类监测1次，并在鸟类繁殖期、越冬期、迁徙期针对重点样带和样点每月至少调查 2 次。

第二部分

鸟体外部形态

鸟体的外部形态，可分部加以说明（参见图1）

一、头部

可分为上面，侧面及下面。

图1　鸟类身体外形图

（一）上面

1. 额或前头——头的最前部，与上嘴基部相接。
2. 头顶——前头稍后，为头的正中部。
3. 后头——或称枕部，头顶之后、上颈为头的最后部。
4. 中央冠纹，即顶纹——在头部的正中处，自前向后的纵纹。
5. 侧冠纹——在头顶两侧的纵纹。
6. 羽冠——头顶上特别延长或耸起的羽毛，形成冠状。
7. 枕冠——后头上特别延长或耸起的羽毛。
8. 肉冠——头上的裸皮突出部。
9. 额板——位于前头的裸出角质板。
10. 上嘴通常具鼻孔。鼻孔可分为二型：

（1）鼻孔透开。

（2）鼻孔闭合。

（二）侧面

1. 眼先——位于嘴角之后，及眼之前。

2. 围眼（部）——眼的周围或裸露，或被羽。

3. 眼圈——眼的周缘，形呈圈状。

4. 颊——位于眼的下方，喉的上方，下嘴基部的上后方。

5. 耳羽——为耳孔上的羽毛，在眼的后方。

6. 眉斑或眉纹——在眼的上部的斑纹，短的称眉斑，长的称眉纹（图2）。

7. 穿眼纹或贯眼纹——自下嘴基部，或自前头，或自眼先起，贯眼而至眼后的纵纹（图2）。

8. 颊纹，亦称颧纹——自前而后，贯颊的纵纹（图2）。

9. 颚纹——从下嘴基部，向后延伸，介于颊与喉之间（图2）。

10. 面盘——两眼向前，其周围的羽毛排列成人面状，是称面盘。

图2 鸟类头部各种斑纹示意图

（三）下面

1. 颏——位于下嘴基部的后下方，及喉的前方。

2. 颏纹——贯于颏部中央的纵纹。

3. 肉垂——头部下方向下垂着的裸皮部。

二、颈部

（一）上面，颈的背面，称为后颈，再分为上颈与下颈。

1. 上颈，即颈项——或简称项后颈的前部，与后头相接。

2. 下颈——后颈的后部，与背部相接。

3. 颈冠或项冠——着生于项部的长羽，形成冠状。

4. 皱领——着生于颈部的长羽，形成围领状。

5. 披肩——着生于后颈的长羽，形成披肩状，故名披肩。

（二）侧面

颈部的两侧，称颈侧。

（三）下面

1. 喉——可分为颐即上喉与下喉。颐的前部常位于头部的下面。

2. 前颈——在颈长的种类，位于喉的下方，颈部的前面。

3. 喉囊——为喉部可伸缩的囊状结构。

三、躯干

为鸟体中最大之部。

（一）上面

1. 背——位于下颈之后，腰部之前。背部更可分为上背与下背，前者与下颈相接，后者与腰部相接。

2. 肩——位于背的两侧，及两翅的基部。此部羽毛常特延长，而称为肩羽。

3. 肩间部——位于两肩之间。

4. 翕或背肩部——包括上背、肩及两翅的内侧覆羽等。

5. 腰——为躯干上面的最后一部，其前为下背，其后为尾上覆羽。

（二）侧面

1. 胸侧——位于胸部的两侧。

2. 胁或体侧——位于腰的两侧，而近于下面。

3. 腹侧——位于腹的两侧，胁的下方。

（三）下面

1. 胸——为躯干下面最前的一部，前接前颈（或喉部）后接腹部，也可分为前胸或上胸，及下胸。

2. 腹——前接胸部，后则止于肛孔。

3. 肛周，或围肛羽——为肛孔周围的羽毛。

4. 上列头、颈及躯干等部上面，可统称为上体；下面可统称为下体。

四、嘴

嘴的分部与检查鉴定有关的，计有下列各项（图3）。

1. 上嘴——嘴的上部，其基部与额相接。

2. 下嘴——嘴的下部，其基部与颏相接。

3. 嘴角——上下嘴基部相接的地方。上下嘴张开时的距离，可称为嘴裂。

4. 会合线——从嘴角至嘴端的线。

5. 嘴峰——上嘴的顶脊。

6. 嘴底——下嘴的底。

7. 嘴端——嘴的最先端。

8. 咕缘——嘴的边缘。

9. 喙肿或隆端——嘴端的肿起部。

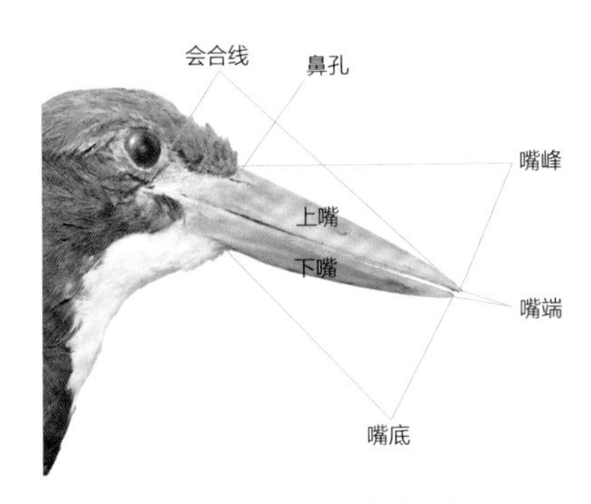

图3 鸟嘴各部示意图

10. 嘴甲——嘴端甲状的附属物。

11. 蜡膜——上嘴基部的蜡状覆盖构造。

12. 鼻孔——鼻孔的开孔，位于上嘴基部的两侧。

13. 鼻沟——上嘴两侧的纵沟，鼻孔位于其中。

14. 鼻管——上嘴基部的管状突，鼻孔开口于管的先端。

15. 嘴须——着生于嘴角的上方。

16. 副须——依其着生处的不同，可分为：

（1）鼻须——着生于额基而悬至于鼻孔上；

（2）颏须——着生于颏部；

（3）羽须——着生于眼先或别处的羽毛而变为须状的。

五、翅或称翼

1. 飞羽构成翼的主要部分，有初级、次级及三级之别（图4）。

（1）初级飞羽——此一列飞羽最长，有9～10枚，均附着于掌指和指骨。其在翼的外侧者称外侧初级飞羽；内侧称内侧初级飞羽。

（2）次级飞羽——位于初级飞羽之次，且亦较短，均附着于尺骨。依其位置的先后，亦有外侧和内侧的区别。

（3）三级飞羽——飞羽中最后的一列，亦着生于尺骨之上，实际为最内侧次级飞羽，但其羽色和羽形常与其余的次级飞羽有所不同；有些鸟类，其着生于肱骨的羽毛，有的很发达，不似覆羽，而呈飞羽状，也可统称为三级飞羽。

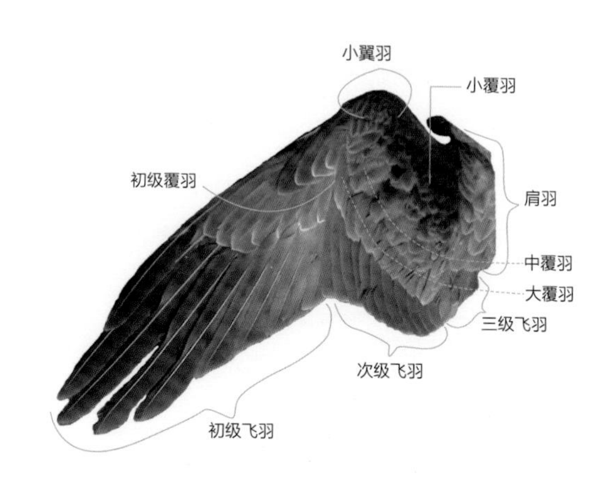

图 4　鸟翼上的各种羽毛
（上图示翼羽所附着的内部骨骼）

2. 覆羽——掩覆飞羽的基部，翅的表里两面均有。在表面的称为翅上覆羽；在里面的称为翅下覆羽。上下覆羽依其排列的位置，更可分别为下列各种（图 4）。

（1）初级覆羽——位于初级飞羽的基部。

（2）次级覆羽——覆于次级飞羽的基部；依其排列的先后和羽片的大小，再分为以下三种：

① 初级大覆羽或简称大覆羽——位于初级覆羽的内方，及中覆羽的后方。

② 次级中覆羽或简称中覆羽——介于大覆羽与小覆羽之间。

③ 次级小覆羽，即小覆羽——位于中覆羽的上方，为翼的最前部，常排成鳞状。

3. 小翼羽——位于初级覆羽之上，小覆羽之下，中覆羽的外侧，其形小而硬，附着于第二指骨上。

4. 翼角——是翼的腕关节。

5. 翼缘——是翼的边缘。

6. 翼镜——是翼上特别明显的块状斑。

7. 翼端——为翼的先端。依其形状的不同，可再分别为三种（图 5）。

（1）圆翼——最外侧飞羽较其内侧的为短，因而形成圆形翼端。

（2）尖翼——最外侧飞羽（若退化飞羽存在时，不予计入）最长，其内侧数枚飞羽逐渐短缩，因成尖形翼端。

（3）方翼——最外侧飞羽（退化飞羽不计入）与其内侧数羽几相等长，而成方形翼端。

8. 腋羽——位于翼基下方的羽毛。

图 5　鸟翼各种基本类型示意图

六、尾

1. 尾部覆羽——覆于尾羽的基部。

（1）尾上覆羽——位于上体腰部的后面。

（2）尾下覆羽——位于下体肛孔的后面。

2. 尾羽。

（1）中央尾羽——居中的一对。

（2）外侧尾羽——位于中央尾羽的外侧的；其位于最外侧的，称最外侧尾羽。

依尾羽的形状，尾又可分为下列几种：

中央尾羽与外侧尾羽长短相等，称平尾（图 6）或角尾。

3. 中央尾羽较外侧尾羽长，依它们长短的相差程度，而有下列几个尾形的分类（图 6）：

（1）圆尾——长短相差不显著；

（2）凸尾——长短相差较大；

（3）楔尾——长短相差更大；

（4）尖尾——长短相差极大。

4. 中央尾羽反较外侧尾羽为短，亦可依它们长短相差的程度，区别如下（图 6）：

（1）凹尾——长短相差甚少；

（2）燕尾或称叉尾——长短相差较显著；

（3）铗尾——长短相差极为显著。

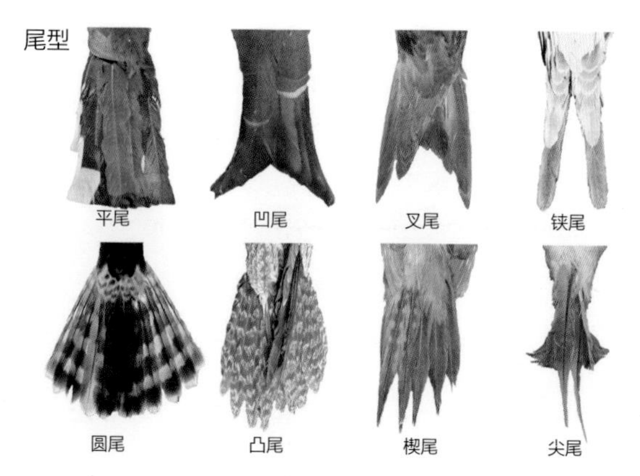

图 6　鸟尾的几种主要类型

七、脚

1. 股或大腿——脚的最上部，与躯干相接通常被羽。

2. 胫或小腿——在股的下面，跗跖的上面，或被羽，或裸露。

3. 跗跖——在胫的下面，趾的上面，为一般小鸟脚部最显著的地方。跗跖或被羽，或附生鳞片。跗跖后缘常具两个整片纵鳞；其前缘的具鳞情况，可分为下列各种：

（1）具盾鳞的——呈横鳞状；

（2）具网鳞的——呈网眼状；

（3）具靴鳞的——呈整片状。

4. 距——跗跖后缘着生的角状突。

5. 趾——通常四趾，即外趾、中趾、内趾和后趾或称大趾等。

依其排列的不同，可分为下列各种（图 7）：

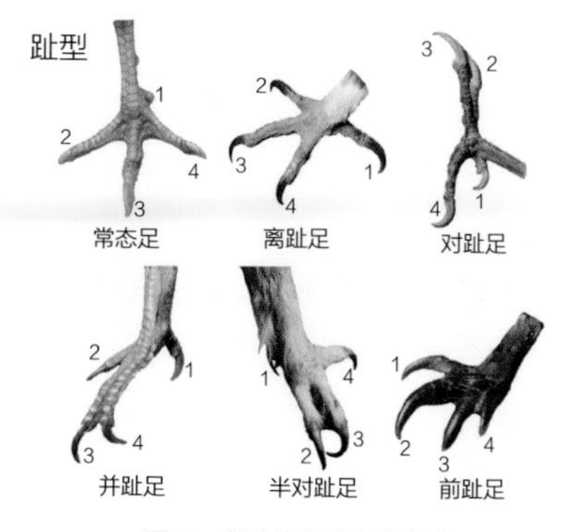

图 7　鸟趾的几种主要类型

（1）不等趾足，或称常态足——四趾中，三趾向前，一趾（即大趾）向后。

（2）对趾足——第二和第三向前，第一和第四趾向后。

（3）异趾足——第三和第四向前，第一和第二趾向后。

（4）半对趾足——与不等趾足基本相同，但有的第四趾转向后。

（5）并趾足——前趾的排列如常态足但向前三趾的基部互相并着。

（6）前趾足——四趾均向前方。

（7）离趾足——三趾向前，一趾向后；后趾最强，前趾各相游离，如一般鸣禽。

（8）索趾足——三前一后；后趾基弱，前趾多少相并着，如阔嘴鸟。

6. 具蹼的足可再分为下列各种（图8）：

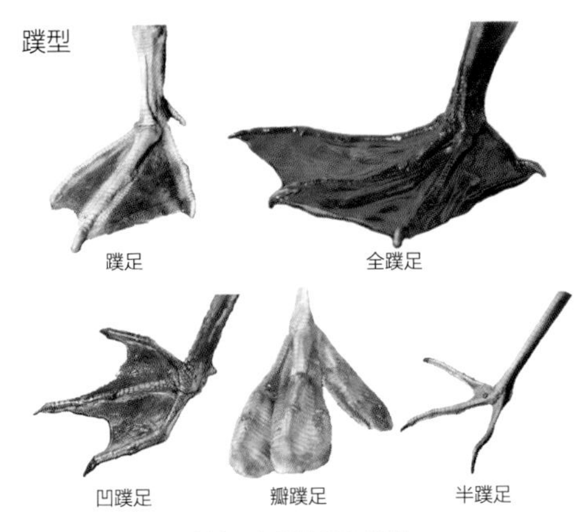

图8　鸟蹼的各种类型

（1）蹼足——前趾间具有极发达的蹼相连着。

（2）凹蹼足——与蹼足相似，但蹼膜中部往往凹入，发达不很完全。

（3）半蹼足——蹼的大部分退化，仅于趾间的基部留存。

（4）全蹼足——前趾及后趾，其间均有蹼相连着。

（5）瓣蹼足——趾的两侧附有叶状膜。

7. 爪。

着生于趾的末端。有些鸟类的中爪（即中趾的爪）还具有栉缘，如鹭、夜鹭等。

八、羽毛

依其构造的不同，可分为三种：

1. 正羽。

每枚正羽由下列各部组成：

（1）羽轴——羽的主干，可再分为：

① 羽根，翮——为羽毛插入于皮肤之部；

② 羽干——羽毛突出于皮肤之外的羽轴。

（2）羽片或翈——着生于羽干的两侧。在内侧的称内翈，外侧的称外翈。羽片外侧的边缘，称外缘；内侧的称内缘。羽片由羽支组成；羽支再分为羽小支，而后的更具有羽纤支或细钩，以与相邻羽支的近侧一列的与小支相衔接着。

（3）副羽——自翈的基处丛生的散羽。

（4）下脐——羽根末端插入于皮肤中的开孔。

（5）上脐——翈基的小孔；在成长的羽毛，其形似一小突起。

2. 绒羽或冉羽——翮短而无羽干羽支由翮直接分出，丛生成束。

3. 纤羽——羽轴相当延长，而呈毛发状；羽支和羽小支均数寡而形小，甚至完全付缺。

第三部分

湖南通道玉带河国家湿地公园鸟类图谱

鸡形目

GALLIFORMES

灰胸竹鸡

Chinese Bamboo Partridge *Bambusicola thoracicus*

鸡形目　雉科

小型雉类，体长274～350mm，雌雄同型。上体羽色橄榄棕褐色，具栗色和白色斑纹；下体自头颈两侧至颏、喉部为栗红色，胸羽具灰色和栗红色半环状胸带，尤以灰色带最宽且明显，为本种最明显的识别标志；腹以下为皮黄色，两胁杂以黑褐色斑。陆禽，杂食性，以植物嫩芽柔叶、草籽谷粒及蝗虫、蚂蚁、白蚁和蠕虫等为食。多在地面觅食，夜栖于树上。冬季集群，夏季分散活动。鸣声响亮，雄性在繁殖期频繁发出类似“xǔ-ju-qu, xu-ju-qu”的鸣叫声。营巢于灌木丛、高草丛、树根下或竹林下地面凹陷处，雏鸟早成型。

中国特有种。玉带河湿地公园内为留鸟，栖息于玉带河沿岸山地阔叶林、针阔混交林、灌草丛、竹林，常到河边灌丛和农田内觅食，数量较多，常见种。

白　鹇

Silver Pheasant *Lophura nycthemera*

鸡形目　雉科

大型雉类，体长700～1150 mm，雌雄异型。雄鸟体大尾长，上体至尾羽白，除中央尾羽纯白外其余白色羽毛上密布黑色细纹，脸部裸皮红色，头顶具长黑色发辫状冠羽，下体黑色，脚红色，跗跖部具长距。雌鸟通体棕褐色或橄榄褐色，脸部裸区红色但较雄性小，脚红色。陆禽，具非繁殖期集群和繁殖后带雏集群活动形式，杂食性，主以植物的果实和种子为食，动物性食物以昆虫和其他节肢动物为主。营巢于灌木丛间的地面凹陷处，雏鸟早成型。

国家Ⅱ级重点保护鸟类。玉带河湿地公园内为留鸟，主要栖息于玉带河沿岸的县溪、杆子溪村及江口乡河段周边山地阔叶林和针阔混交林，偶尔到河边灌草丛、竹林、农田内觅食，数量较少，少见种。

白颈长尾雉

Elliot's Pheasant *Syrmaticus ellioti*

鸡形目　雉科

大型雉类，体长约810 mm，雌雄异型。雄鸟体大华丽，上背、胸及飞羽栗红色，上背和飞羽各具一道和两道白斑纹，额、头顶至颈侧灰白色，脸部裸皮红色，颏、喉部黑色；腹部白色，银灰色长尾羽具栗红色横斑，蓝灰色脚上有长距。雌鸟体羽大都棕褐色，上体杂以栗色、灰色及黑色蠹斑，喉及前颈黑色，以此与其他长尾雉雌鸟区别，下体余部白色上具棕黄色横斑。陆禽，性机警，通常以数只小群活动。一般由雄鸟带领在树林下游荡、觅食。杂食性，主以植物的果实、种子、树叶及嫩芽、根、茎和少量谷粒、玉米和豆类为食，动物性食物以昆虫、蜘蛛和蜗牛等为主。营巢于林下或林缘岩石下，也在灌草丛间或大树脚下裸地营巢，极为隐蔽，雏鸟早成型。

中国特有种，国家Ⅰ级重点保护鸟类。玉带河湿地公园内为留鸟，主要栖息于玉带河沿岸的万佛山镇、土门村、江口乡、官团村、瑶坪村、水涌村、牛埂村等河段周边山地阔叶林和针阔混交林，偶尔到河边灌草丛、竹林、农田内觅食，数量稀少，稀有种。

雄鸟

雌鸟

环颈雉

Common Pheasant *Phasianus colchicus*

鸡形目　雉科

雄鸟

雌鸟

大型雉类，体长580~1050mm，雌雄异型。雄鸟体大羽色华丽，上体羽毛褐色为主，具金属光泽。脸部裸皮红色，具红色肉垂，头余部至颈羽绿色具金属光泽，颈具或不具白色颈圈；下体胸、腹部赤铜色具黑鳞纹，下背和腰多蓝灰色，红棕色长尾羽具黑色横斑，脚上具短距。雌鸟羽色暗淡，以棕褐色为主，杂以黑斑。陆禽，性机警，受到惊吓时一般疾驰入附近丛林或灌丛，在迫不得已时才骤然起飞，并发出一连串尖锐的"ge-ge-ge-"声。环颈雉主要为植食性鸟类，也吃一些昆虫和其他无脊椎动物。营巢于灌木丛、高草丛或芦苇丛中地上，也在隐蔽的树根旁或农田里营巢，雏鸟早成型。

玉带河湿地公园内为留鸟，栖息于玉带河沿岸山地阔叶林和针阔混交林，常到河边竹林、灌丛和农田内觅食，数量较多，常见种。

红腹锦鸡

Golden Pheasant *Chrysolophus pictus*

鸡形目　雉科

中型雉类，体长590～1100mm，雌雄异型。雄鸟羽色艳丽，头顶具长形金黄色丝状羽冠；脸、颏和喉部锈红色，眼周皮肤淡黄色，眼下裸出部具一淡黄色小肉垂，后颈围以披肩状金棕色扇状羽，缀以蓝黑色双条横斑；上背深绿色，羽缘绒黑；下体绯红色，翅上飞羽金属蓝色，下背、腰及尾上短覆羽金黄色，尾羽甚长，棕黄色密布黑色斜纹和点斑，跗跖部具一短距。雌鸟羽色暗淡，以棕褐色为主并具黑褐色横斑，脚肉黄色。陆禽，红腹锦鸡对森林边缘和开阔区的生境有一定偏好，尤其是冬季和觅食活动时，冬季集群活动，繁殖期雄鸟具有领域行为。杂食性，主食植物根、茎、叶、花、果实和种子，也食蘑菇和昆虫。营巢于落叶、常绿阔叶林混交林中较为空旷的地面上，雏鸟早成型。

中国特有种，国家Ⅱ级重点保护鸟类。玉带河湿地公园内为留鸟，主要栖息于玉带河沿岸的江口乡、万佛山镇、官团村、水涌村、土门村、地连村等河段周边山地阔叶林和针阔混交林，偶尔到河边灌草丛、竹林、农田内觅食，数量稀少，稀有种。

雄鸟

雌鸟

雁形目
ANSERIFORMES

鸳 鸯
Mandarin Duck *Aix galericulata*

雁形目 鸭科

体小而羽色艳丽的树栖鸭类，体长380~450 mm，雌雄异型。喙红色，头具艳丽的冠羽，眼后醒目的白色眉纹，金色丝状颈羽，拢翼后背部可现直立的橙黄色炫耀性“帆状饰羽”，翼镜绿色具白色边缘，胸腹至尾下覆羽白色，胁部浅棕色。雌鸟体稍小，亮灰色体羽及雅致的白色眼圈及眼后线为显著特征。游禽，繁殖期成对活动，栖息于山间溪流、河谷、湖泊、沼泽地带，营巢于高大的阔叶树的树洞，越冬期集群活动于南方开阔湖泊、水库、溪河和沼泽地带。杂食性，主食青草、草根、草籽、苔藓等，也食昆虫及其他节肢动物。营巢于临水大树的天然树洞中，雏鸟早成型。

国家Ⅱ级重点保护鸟类。玉带河湿地公园内为冬候鸟，主要分布于玉带河沿岸的万佛山镇、丝板、官团村、土门村、菁芜洲镇、瓜坪村、县溪、江口、晒口水库，几乎遍及玉带河全流域及支流水质良好、环境幽密的河段及附近阔叶林内，数量较多，常见种。根据近年来的监测发现，在玉带河上游河段有个别繁殖对在湿地公园内繁殖，为湖南首例发现的野生鸳鸯繁殖现象。

雌鸟和雏鸟

棉　凫

Asian Pygmy Goose *Nettapus coromandelianus*

雁形目　鸭科

小型鹊色鸭类，体长300～380mm，雌雄异型。雄鸟前额、头顶、颈环、背、两翼及尾羽皆黑且沾绿色，体羽余部近白，飞行时白色翼斑明显。雌鸟棕褐色取代闪光黑色，皮黄色取代白色，有暗褐色过眼纹，无白色翼斑。游禽，常活动于多水生植物的湖泊、水塘、河流和稻田中。植食性，主食水生植物和陆生植物的嫩芽、嫩叶、根和稻谷。繁殖期营巢于临水或民居附近的高大树上洞穴，雏鸟早成型。

玉带河湿地公园内为夏候鸟，春、夏季主要分布于玉带河沿岸的江口乡、菁芜洲镇、地连村、高车坪、官团村、土门村、万佛山镇等河段及支流水生植物丰富、环境幽密的河段及附近阔叶林内，数量稀少，稀有种。

白眉鸭

Garganey Spatula *querquedula*

雁形目　鸭科

小型鸭类，体长340～410 mm，雌雄异型。雄鸟喙灰黑色，头部具长而宽阔的白色眉纹，两胁灰白色缀以暗褐色波状细纹，翼上覆羽蓝灰色，飞行时明显，翼镜由内及外先蓝后暗紫色带白色边缘，其余体羽棕褐色缀以黑色细纹和点斑。雌鸟灰褐色而显暗淡，深色贯眼纹，白色眉纹不甚明显，与灰白色颊纹相对在头部呈双眉状，喉白。游禽，繁殖于西北和东北地区，迁徙时途经华中、华东和西南地区，越冬于低纬度地区。非繁殖期常成群栖息于沿海滩涂，内陆湖泊、江河和水塘中，为中国越冬最为靠南的河鸭。植食性，主食水生植物的叶、茎和种子。繁殖期营地面巢于水边高草丛内，雏鸟早成型。

玉带河湿地公园内为旅鸟，监测显示秋季候鸟迁徙期沿玉带河下游的瓜坪村和县溪河段向南或西南迁徙，个别种群会在河道及沿岸做短暂停歇，数量较少，少见种。

雄鸟

红头潜鸭

Common Pochard *Aythya ferina*

雁形目　鸭科

中型鸭类，体长410～500 mm，雌雄异型。雄鸟喙铅灰色，栗红色头、颈甚为明显，为本种典型识别特征；上体、翼、两胁及腹部灰白色，胸、上背及尾上覆羽黑色。雌鸟通体棕褐色，腹及两胁沾灰色，具皮黄色眼圈，喙灰黑色，尖端黑色，脚灰黑色。游禽，中国繁殖于新疆西北部，迁徙时途经中国西部、中部、东北及华东，越冬于黄河、长江及以南水域。栖息于水生植物茂密的湖泊、水塘、河流及沼泽地带。非繁殖期常集大群且与其他潜鸭混群活动。植食性，主食水藻、水生植物的叶、茎、根和种子。繁殖期营地面巢于水边芦苇丛或高草丛内，雏鸟早成型。

玉带河湿地公园内为冬候鸟，主要分布于玉带河沿岸的万佛山镇、官团村、瑶坪村等上游及支流水生植物丰富、环境幽密的河段，数量稀少，稀有种。

中华秋沙鸭

Scaly-sided Merganser *Mergus squamatus*

雁形目 鸭科

雄鸟

雌鸟

大型鸭类，体长490～640 mm，雌雄异型。雄鸟喙鲜红色，狭长侧扁且尖端具钩。头、冠羽及颈黑色具绿色金属光泽。胸白色，两胁羽片白色而羽缘及羽轴黑色形成特征性鳞状纹；脚红色。雌鸟色暗而多灰色，头、颈栗褐色，羽冠较短。游禽，繁殖在西伯利亚、朝鲜北部及中国东北；越冬于华中、华南，日本及朝鲜，偶见于东南亚。越冬期常集小群栖息于山间河流、水库和湖泊中。肉食性，主食鱼类、石蛾科昆虫。繁殖期营巢于临水树林间高大乔木树洞内，雏鸟早成型。

国家Ⅰ级重点保护鸟类。玉带河湿地公园内为冬候鸟，主要分布于玉带河沿岸的江口乡、万佛山镇、土门村、官团村、瑶坪村等水质良好、环境幽密的河段，数量稀少，稀有种。

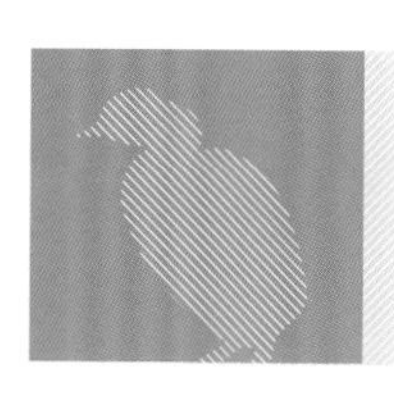

䴙䴘目

PODICIPEDIFORMES

小䴙䴘

Little Grebe *Tachybaptus ruficollis*

䴙䴘目　䴙䴘科

小型矮扁的䴙䴘，体长220～318 mm，雌雄同型。夏羽：上体灰褐色，羽缘淡色；喙黑色具显著的黄色喙斑，喉及前颈栗红色。冬羽：上体灰褐色，下体白色。喜清水及有丰富水生生物的湖泊、沼泽及涨过水的稻田。通常单独或成分散小群活动，善潜水，起飞或受惊时即潜入水中或在水面快速疾驰。杂食性，主食小鱼、虾和蝌蚪，也食水草。常营浮巢于水生植物茂密的水面或临岸水草丛中，雏鸟早成型，亲鸟有背附幼雏游泳的习性。

玉带河湿地公园内为留鸟，广泛分布于玉带河各河段及周边水塘，数量丰富，优势种。

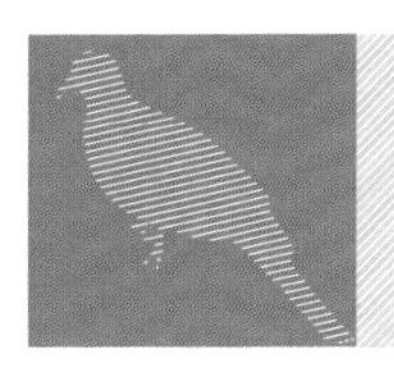

鸽形目
COLUMBIFORMES

山斑鸠
Oriental Turtle Dove *Streptopelia orientalis*

鸽形目 鸠鸽科

中型斑鸠，体长280～360 mm，雌雄同型。上体大部呈灰褐色，颈基两侧具黑白条纹颈斑，翼覆羽黑色具褐色羽缘；下体酒红褐色，腹部中央淡灰色，下背、两胁及腰为蓝灰色，尾羽褐色，羽端具宽的灰色带。陆禽，常成对或单独活动。栖息于平原、低山丘陵、山地各种林型、果园和农田，以及居民区建筑物。杂食性，主食各种植物的果实、种子、嫩叶及幼芽，也食鳞翅目幼虫、甲虫等昆虫。营巢于树木主干枝杈上，雏鸟晚成型。

玉带河湿地公园内为留鸟，广泛分布于玉带河沿岸林灌、农田及村落，数量丰富，优势种。

珠颈斑鸠

Spotted Dove *Streptopelia chinensis*

鸽形目　鸠鸽科

中型斑鸠，体长270～340 mm，雌雄同型。上体大部淡褐色，具淡红棕羽缘，头灰色，颈侧满缀白点的黑色颈斑，为本种显著识别特征；下体粉红色，尾较长，外侧尾羽黑褐色，末端白色甚宽，飞翔时明显。陆禽，常成小群活动，栖息于有疏林生长的平原、草原、低山丘陵和农田地带，地面取食，也常停歇于电线、屋顶及开阔路面。杂食性，主食各种植物的果实、种子、嫩叶及幼芽，也食蝇蛆、蜗牛、昆虫等动物性食物。营巢于树枝及矮树丛和灌丛间，雏鸟晚成型。

玉带河湿地公园内为留鸟，广泛分布于玉带河沿岸林灌、农田及村落，数量丰富，优势种。

夜鹰目

CAPRIMULGIFORMES

普通夜鹰

Grey Nightjar *Caprimulgus indicus*

夜鹰目　夜鹰科

中型偏灰色夜鹰，体长260～280 mm，雌雄异型。雄性上体灰褐色，具灰白色和黑褐色虫蠹斑，在林木枝干和落叶极具隐蔽性；嘴巴宽大，下喉有一大型白斑，4对外侧尾羽具近端白斑。雌鸟与雄鸟略有差异，全身白色块斑呈皮黄色。攀禽，栖息于阔叶林、针阔混交林、林缘疏林中，白天栖息于横枝或地面，傍晚后在开阔的灌丛、农田等区域觅食。食虫鸟类，嗜食蚊虫，古代又称“食蚊母”。繁殖于华东、华南至西南区，雏鸟晚成型。

玉带河湿地公园内为夏候鸟，春、夏季栖息于玉带河沿岸山地森林内，在玉带河上空及沿岸林灌、农田觅食，数量较少，少见种。

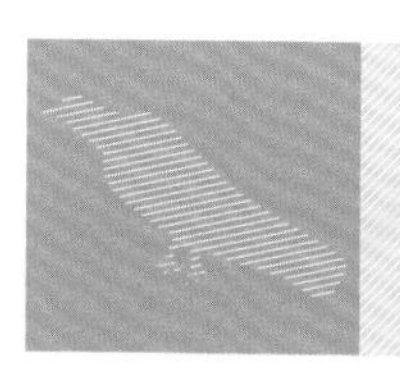

鹃形目

CUCULIFORMES

褐翅鸦鹃

Greater Coucal *Centropus sinensis*

鹃形目　杜鹃科

体大尾长的深色鹃类，体长约520 mm，雌雄同型。通体黑色，仅上背、翼及翼覆羽为纯栗红色；虹膜红色，喙黑色，头、颈和胸部具蓝紫色光泽，胸、腹、尾部具绿色光泽，脚黑色。攀禽，喜林缘地带、次生灌木丛、多芦苇河岸及红树林。杂食性，主食蝗虫、蝼蛄、金龟子、白蚁等昆虫，也食少量植物果实与种子，觅食常单独或小群下至地面。繁殖于中国南方地区，营巢于竹丛、灌木丛，雏鸟晚成型。

国家Ⅱ级重点保护鸟类。玉带河湿地公园内为夏候鸟，春、夏季栖息于玉带河沿岸的江口乡、万佛山镇、瑶坪村、地连村、丝板、菁芜洲镇等河段岸边灌木丛和矮树丛，常窜入河岸灌丛、茶园觅食，数量稀少，稀有种。

噪　鹃

Common Koel *Eudynamys scolopaceus*

鹃形目　杜鹃科

雄鸟

雌鸟

体大尾长的深色鹃类，体长370～430mm，雌雄异型。雄鸟通体黑色，具蓝色光泽，喙浅绿色，虹膜红色；下体沾绿色，脚蓝灰。雌鸟上体暗褐色，略具金属绿色光泽，并满布整齐白色小斑点；下体及尾羽具黑色横斑。攀禽，多单独活动，栖息于山地、丘陵和山麓林木茂盛生境内。繁殖期行踪极其隐蔽，雄鸟日夜发出嘹亮kow-wow声，重音在第二音节，重复多达12次，音速音高渐增；也有更尖声刺耳、速度更快的kuil, kuil, kuil, kuil声，在多种鸦科鸟类巢中寄生产卵，雏鸟晚成型。

玉带河湿地公园内为夏候鸟，春、夏季栖息于玉带河沿岸及周边山地林木茂盛的阔叶林、针阔混交林林缘灌木丛和矮树丛，常闻其声，难见其身，数量较多，常见种。

大鹰鹃

Large Hawk Cuckoo *Hierococcyx sparverioides*

鹃形目　杜鹃科

体大灰褐色鹰样杜鹃，体长350～420 mm，雌雄同型。成鸟：外形似鹰，上体和翼表面淡灰褐色，头、颈侧灰白色，眼先近白色，颏黑色；胸栗色，具暗灰色纵纹；腹部具白色及褐色横斑而染棕；尾部次端斑棕红，尾端白色。亚成鸟：上体褐色带棕色横斑；下体皮黄而具近黑色纵纹。与鹰类的区别在其姿态、嘴形和趾型。攀禽，栖息于山地开阔林地，常藏身于树冠。巢寄生鸟类，在喜鹊等鸟类巢中产卵，雏鸟晚成型。

玉带河湿地公园内为夏候鸟，春、夏季栖息于玉带河沿岸及周边山地林木茂盛的阔叶林、针阔混交林，常闻其声，难见其身，数量较多，常见种。

四声杜鹃

Indian Cuckoo *Cuculus micropterus*

鹃形目　杜鹃科

中等偏灰色型杜鹃，体长310～340 mm，雌雄异型。头颈至上胸部灰色，上体余部和翼表面深褐色；下体自下胸以后白色，杂以黑色横斑。似大杜鹃，区别在于尾灰并具黑色次端斑，且虹膜色暗。雌鸟较雄鸟多褐色。亚成鸟头及上背具黄白色鳞状斑纹。攀禽，喜隐匿于山地林间树冠层，叫声似“快-快-布-谷”。食虫鸟类，主食松毛虫、毛虫、尺蠖等昆虫。中国繁殖区除新疆、西藏、青海外，见于各省，巢寄生鸟类，常见成鸟在树冠顶部鸣叫，并可做鹰状盘旋，在多种雀鸟巢内产卵，雏鸟晚成型。

玉带河湿地公园内为夏候鸟，春、夏季栖息于玉带河沿岸及周边山地林木茂盛的阔叶林、针阔混交林，常闻其声，难见其身，常窜入玉带河沿岸树林、灌丛觅食，或在农田上空电线上停歇，数量较多，常见种。

大杜鹃

Common Cuckoo *Cuculus canorus*

鹃形目　杜鹃科

中等体型的杜鹃，体长320~370 mm，雌雄同型。上体暗灰色，腰及尾上覆羽沾蓝色；下胸、腹及胁为白色，具黑褐色细横斑，尾羽黑色具模糊横斑，无黑色次端斑，中央尾羽具有左右成对白点。攀禽，性孤僻，常单独活动。栖息于山地、丘陵、平原的开阔有林地带及湖泊、河流周边大片芦苇地。食虫鸟类，主食松毛虫、松针枯叶蛾及鳞翅目幼虫，也食蝗虫、步行虫、叩头虫、蜂类等昆虫。中国常见的夏候鸟，在大多数省份可见，西至西藏东缘和南缘。鸣声似“布-谷-”，易辨识。巢寄生鸟类，在苇莺、鹛类、鹡鸰、伯劳、鸫类等多种雀鸟巢内产卵，雏鸟晚成型。

玉带河湿地公园内为夏候鸟，春、夏季栖息于玉带河沿岸及周边开阔林地，常在电线、篱笆或树枝突出部鸣叫或停歇，数量较多，常见种。

鹤形目
GRUIFORMES

白胸苦恶鸟

White-breasted Waterhen *Amaurornis phoenicurus*

鹤形目　秧鸡科

体型较大的苦恶鸟，体长260～350 mm，雌雄同型。头顶、颈侧、体侧及上体为青灰色，微着绿色金属光泽，上喙基部橙红色；额、两颊、颏、喉至上腹部中央均为白色，与上体形成黑白分明的体色对照，为本种最显著的识别特征；下腹、肛周及尾下覆羽栗红色，脚黄褐色。涉禽，栖息于湖泊、河流、灌渠、池塘、沼泽、红树林和水田中。性机警，常单独活动，偶尔集小群活动，善步行、奔跑及涉水，少飞翔。杂食性，主食螺类、蜗牛、蚂蚁、鞘翅目昆虫，也食植物花、芽、草籽、麦粒、豆类、稻谷等植物性食物。中国在华北以南繁殖，越冬见于西南至华南。繁殖期鸣声似“苦恶－苦恶－”，因此而得名。营巢于水边附近的灌木丛和草丛，雏鸟早成型。

玉带河湿地公园内为夏候鸟，春、夏季栖息于玉带河及沿岸水塘、水田、灌渠等湿地，冬季偶见少数越冬个体，数量较多，常见种。

亚成鸟

黑水鸡

Common Moorhen *Gallinula chloropus*

鹤形目　秧鸡科

体型中等的黑色水鸡，体长240～350 mm，雌雄同型。成鸟：通体黑褐色，喙黄色，基部与额甲红色；下腹部羽端白色，两肋具宽的白色纵纹，尾下覆羽中央灰黑色，两侧白色，杂以黑褐色横斑，脚青绿色。亚成鸟：上体橄榄绿色，下体为浅灰褐色。涉禽，栖息于湖泊、江河、池塘、水库、苇塘及水田。常集群活动，在水面浮游植物间觅食，不善飞，起飞前先在水上助跑一段距离。杂食性，以水生植物及鱼虾和水生昆虫等为食。在中国繁殖于除青藏高原以外的地区，在不结冰的地区越冬。营巢于水边浅水处芦苇丛或水草丛中，雏鸟早成型。

玉带河湿地公园内为夏候鸟，春、夏季栖息于玉带河及沿岸水塘、水田、灌渠等湿地，冬季偶见少数越冬个体，数量较多，常见种。

白骨顶

Common Coot *Fulica atra*

鹤形目　秧鸡科

体大的黑色水鸡，体长350~430 mm，雌雄同型。通体深黑灰色，次级飞羽具白色羽缘，飞行时可见；虹膜红色，喙短与额甲白色，为本种显著的识别特征，脚青绿色。涉禽，栖息于低山丘陵和平原草地中的湖泊、河流、水库、水塘和水渠。杂食性，主食鱼虾、水生昆虫、水生植物等。在中国北方湖泊及溪流中繁殖，在北纬32° 以南地区越冬。越冬期常集群在水面活动，潜入水中在水底觅食水草。繁殖期有领域性，具争斗行为。营巢于开阔水域浅水处芦苇丛或水草从中，雏鸟早成型。

玉带河湿地公园内为冬候鸟，秋、冬季栖息于玉带河及支流河道，数量较少，少见种。

亚成鸟

灰　鹤

Common Crane *Grus grus*

鹤形目　鹤科

体型中等的灰色鹤，体长112～125 mm，雌雄同型。成鸟：通体大部羽毛灰色，头顶前后部黑色，中心裸皮红色，自眼后有一道宽的白色条纹伸至颈背；初、次级飞羽黑色，三级飞羽灰色，先端黑色，延长弯曲成弓状；背部及三级飞羽略沾褐色。亚成鸟：头部和颈部为浅棕色。涉禽，栖息于开阔湖泊、草地、河滩、沼泽及农田地带。性机警，常成小群活动。在中国繁殖于东北及西北地区，冬季南迁至华北至华中及西南地区。迁徙和越冬期常在弃荒的玉米、稻田等地觅食。杂食性，主食植物根、茎、果实或种子，也食昆虫、蚯蚓、蛙、蛇、鼠类等动物性食物。营巢于沼泽草地中干燥地面，雏鸟晚成型。

国家Ⅱ级重点保护鸟类。玉带河湿地公园内为旅鸟，秋季沿玉带河沿岸的晒口水库至菁芜洲镇河段向南迁徙，偶有少数个体在河岸附近稻田内停歇觅食，数量稀少，稀有种。

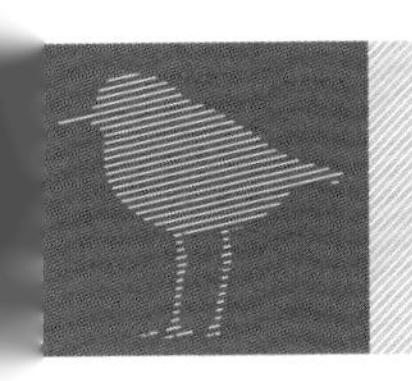

鸻形目

CHARADRIIFORMES

黑翅长脚鹬

Black-winged Stilt *Himantopus himantopus*

鸻形目　反嘴鹬科

体型中等高挑、修长的黑白色鹬，体长290~410 mm，雌雄异型。喙黑色且细长，两翼黑色，沾绿色金属光泽，其余体羽白色，脚红色，特别细长，为本种显著的识别特征。雄鸟繁殖期头顶至后颈黑色，颈背具黑色斑块。雌鸟头及颈部全为白色，上背、肩和三级飞羽褐色。亚成鸟褐色较浓，头顶及颈背沾灰。涉禽，栖息于沿海浅滩和内陆湿地。肉食性，主食软体动物、鱼虾、甲壳类、环节动物、昆虫及蝌蚪等。在中国主要繁殖于西北和华北等地的内陆浅水湖泊和沼泽地，在南方省份已有繁殖记录；越冬在华南，迁徙途经华中、华东、西南大部分地区。营巢于湖泊、浅水塘和沼泽地带，雏鸟早成型。

玉带河湿地公园内为旅鸟，沿玉带河迁徙，常在河滩上停歇觅食，数量较少，少见种。

灰头麦鸡

Grey-headed Lapwing *Vanellus cinereus*

鸻形目　鸻科

体型中等的亮丽灰白色麦鸡，体长320～360 mm，雌雄同型。喙亮黄色，先端黑色；头、颈至胸灰色；上体茶褐色，下体白色，脚黄色；翼尖、胸带及尾部横斑黑色，次级飞羽白色，飞行时黑白翅明显。亚成鸟似成鸟但褐色较浓而无黑色胸带。涉禽，栖息于平原草地、湖畔、河边、水塘及水田等湿地。杂食性，主食甲虫、蝗虫、水蛭、蚯蚓、螺类及其他软体动物，也食植物嫩叶及种子。在中国除新疆、西藏外，见于各省。营巢于水边附近草地上，雏鸟早成型。

玉带河湿地公园内为冬候鸟，栖息在玉带河沿岸滩涂及周边水田，数量较多，常见种。

金眶鸻

Little Ringed Plover *Charadrius dubius*

鸻形目　鸻科

小型灰白色鸻，体长150～180 mm，雌雄同型。上体棕褐色，喙黑色、短小，眼先至耳覆羽有黑色的贯眼纹，眼周金黄色形成明显的宽阔眼圈，为本种显著性识别特征，眼后上方有一白色眉纹，后颈有一白色颈环，向前延至颏喉部；下体白色，脚黄色。除以上特征外，夏羽额具一黑色宽横带，亚成鸟或冬羽则额顶黑带消失，金色眼圈不明显，且胸带褐色或不明显。涉禽，栖息于沿海滩涂、内陆湿地及河流洲滩。肉食性，主食鳞翅目、鞘翅目等昆虫、甲壳类、软体动物等小型无脊椎动物。在中国繁殖于内蒙古、华北、华中、西南等地，越冬至华南及西南地区，迁徙途经中、东部大部分省份。营巢于河流、湖泊岸边或洲滩上，雏鸟早成型。

玉带河湿地公园内为夏候鸟，栖息在玉带河沿岸滩涂及河心洲滩，春、秋季也有过境个体，数量较多，常见种。

冬羽

环颈鸻

Kentish Plover *Charadrius alexandrinus*

鸻形目　鸻科

小型褐色或灰白色鸻，体长150～180 mm，雌雄异型。喙黑色较长，上体沙褐色或灰褐色，下体白色，飞行时具白色翼上横纹，脚黑色。雄鸟头顶有黑斑，胸侧具黑色块斑；雌鸟此斑块为褐色。涉禽，栖息于沿海、湖泊、河流等滩涂及沼泽地带。常单独或成小群与其他鸻类混群觅食，肉食性，主食昆虫和软体动物。在中国繁殖于西北、中北部、华东及华南沿海，包括海南和台湾，越冬于西南、华中及华南地区。营巢于沙滩或卵石滩上，雏鸟早成型。

玉带河湿地公园内为冬候鸟，栖息在玉带河沿岸滩涂及河心洲滩，春、秋季也有过境个体，数量较少，少见种。

丘 鹬

Eurasian Woodcock *Scolopax rusticola*

鸻形目 鹬科

体大而肥胖的鹬，体长320～420 mm，雌雄同型。黄褐色喙长且直，额淡灰色，眼位于头后上方，头顶至后枕有3~4条黑色横带；上体锈红色，杂以黑色、灰白色、灰黄色斑；下体布满细横纹，翅较宽，腿短，飞行笨重。涉禽，栖息于阴暗潮湿的低山或丘陵混交林林下植物发达、落叶较厚的地面，冬季移至低海拔的溪流或草地。夜行性鸟类，白天伏于地面，夜晚至开阔地觅食。杂食性，主食鞘翅目、双翅目、鳞翅目等昆虫，也食植物根、浆果和种子。在中国繁殖于黑龙江北部、新疆西北部、四川及甘肃，越冬在北纬32以南地区，迁徙途经中国大部分地区。营巢于灌木丛或草本植物发达的树桩和倒木下，也常在草丛中，雏鸟早成型。

玉带河湿地公园内为旅鸟，春、秋季迁徙途经玉带河及周边林地，数量较少，少见种。

针尾沙锥

Pintail Snipe *Gallinago stenura*

鸻形目　鹬科

体小敦实而腿短的沙锥，体长210～290 mm，雌雄同型。喙相对短而钝，头顶中央冠纹及眉纹白色或棕白色，冠纹和贯眼纹棕褐色；上体淡褐色，具白、黄及黑色的纵纹及蠕虫状斑纹；下体白色，胸沾赤褐且多具黑色细纹，两翼圆，外侧尾羽短窄，呈针状，为本种显著的识别特征，飞行时黄色的脚伸出尾羽较多。涉禽，栖息于低山丘陵林中溪流、沼泽，或低地平原地带的红树林、草地、湖边、河滩、水塘、沼泽及水田。肉食性，主食昆虫、甲壳类及软体动物。在中国大多数省份为过境鸟，在华南地区越冬。营巢于山地苔原草地和沼泽地带，雏鸟早成型。

玉带河湿地公园内为旅鸟，春、秋季迁徙途经玉带河及周边林地，数量较少，少见种。

鹤　鹬

Spotted Redshank *Tringa erythropus*

鸻形目　鹬科

中等体型的红腿灰色鹬，体长260～330 mm，雌雄同型。黑色喙长且直，下喙基部朱红色，白色眼圈明显。夏羽：通体黑色具白色点斑，脚细长，暗灰色。冬羽：上体灰褐色，白色眉纹明显，下体灰白色，尾下覆羽白色，脚红且长，飞行时伸出尾后较长。涉禽，栖息于沿海滩涂、内陆湖泊、河流、水塘、沼泽地带。肉食性，主食甲壳类、软体动物、水生昆虫等动物性食物。在中国新疆西北部天山有繁殖记录，迁徙途经大多数省份。营巢于水边草丛或苔原或沼泽地带高土丘上，雏鸟早成型。

玉带河湿地公园内为冬候鸟，冬季栖息于玉带河及周边湿地，春、秋季均有迁徙个体过境停歇，数量较少，少见种。

冬羽

冬羽

红脚鹬

Common Redshank *Tringa totanus*

鸻形目　鹬科

中等体型的鹬，体长260~290 mm，雌雄同型。喙较粗短，黑色且喙基半部为红色，腿橙红色。夏羽：上体褐灰，密布黑褐色斑纹，前颈、胸具黑褐色羽干纹，两胁具黑褐色横斑；冬羽：上体为单调的灰褐色，灰色的胸部具黑褐色细斑纹，下体白色，飞行时翼下覆羽白色，腰部白色明显，内侧初级飞羽和次级飞羽具明显白色外缘，尾上具黑白色细斑。涉禽，栖息于沿海滩涂、盐田、干涸的沼泽、鱼塘以及近海稻田，偶尔见于内陆湿地。肉食性，主食螺类、甲壳类、软体动物、环节动物、水生昆虫等动物性食物。繁殖于内陆草原湿地，越冬和迁徙途经大部分省份。营巢于水边草丛或苔原或沼泽地带，雏鸟早成型。

玉带河湿地公园内为冬候鸟，冬季栖息于玉带河及周边湿地，春、秋季均有迁徙个体过境停歇，数量较少，少见种。

泽　鹬

Marsh Sandpiper *Tringa stagnatilis*

鸻形目　鹬科

中等体型纤细型鹬，体长190～260 mm，雌雄同型。额白，喙黑而细长直，为本种显著识别特征，眉纹较浅，腿长而偏绿色。夏羽：头、后颈密布黑白相间的条纹；上体褐灰色，下颈、胸、两胁具黑褐色斑纹，背部点缀黑斑；冬羽：上体灰色，下体白色。飞行时，腰、尾、翼下覆羽白色明显，尾端具暗褐色横斑。涉禽，栖息于湖泊、盐田、沼泽地、鱼塘，偶尔至沿海滩涂觅食。肉食性，主食甲壳类、软体动物、水生昆虫，也食小鱼及鱼苗。在中国繁殖于内蒙古东北部，南迁至非洲、南亚、东南亚及澳大利亚、新西兰，迁徙途经华东沿海及岛屿，内陆地区相对少见。营巢于开阔平原和湖泊、河流、水塘边及其附近沼泽与草地上，雏鸟早成型。

玉带河湿地公园内为旅鸟，秋季途经玉带河及周边湿地停歇觅食，数量稀少，稀有种。

冬羽

青脚鹬

Common Greenshank *Tringa nebularia*

鸻形目　鹬科

中等体型的高挑偏灰色鹬，体长300～350 mm，雌雄同型。灰色的喙长而粗且略向上翘，喙基黄绿色，为本种显著的识别特征，修长的腿青绿色。夏羽：头、颈密布黑白色相间的纵纹，上体灰褐具杂色斑纹，羽缘白色，内有黑色的次端斑，胸、两胁具黑褐色细纹；冬羽：上体灰褐色，头、颈部具细纹，下体白色，飞行时可见白色翼下覆羽、背部、腰部和尾羽明显。涉禽，栖息于沿海和内陆的沼泽地带及河流泥滩。通常单独或两三只成群活动。肉食性，主食小鱼、虾、蟹、螺类、水生昆虫等动物性食物。在中国越冬于西藏南部及长江以南地区，迁徙途经全国大部分地区。营巢于有疏林树木的湖泊、溪流和沼泽地上，雏鸟早成型。

玉带河湿地公园内为冬候鸟，栖息于玉带河及周边湿地，数量较少，少见种。

白腰草鹬

Green Sandpiper *Tringa ochropus*

鸻形目 鹬科

中等体型的褐色矮壮鹬，体长200～240 mm，雌雄同型。黑色喙且直，喙基暗绿色，喙基与眼上方具白色短眉纹，脚灰绿色。夏羽：上体黑褐色具白色斑点，下体白色，胸具黑褐色纵纹，飞行时黑色的下翼、白色的腰部和尾部明显，且尾部的横斑极显著；冬羽：上体暗灰色，下体白色，胸部纵纹不明显。涉禽，通常单独或成小群活动。栖息于开阔湖泊、河口、河流、池塘、水田和沼泽地带。肉食性，主食小鱼、虾、蜘蛛、小蚌、螺类、水生昆虫等动物性食物。在中国新疆有繁殖记录，夏季也见于内蒙古东北部，迁徙时常见于中国大部分地区，越冬于塔里木盆地、西藏南部直至东部大多数省份。营巢于林间河流、湖泊岸滩或林间沼泽地带，雏鸟早成型。

玉带河湿地公园内为冬候鸟，栖息于玉带河及周边湿地，数量较多，常见种。

冬羽

矶　鹬

Common Sandpiper *Actitis hypoleucos*

鸻形目　鹬科

体型略小的褐色及白色鹬，体长160～220 mm，雌雄同型。喙短，具白色眉纹和黑色贯眼纹，脚短淡黄绿色，翼不及尾，身形矮小。上体橄榄褐色，并具纤细的黑色羽干纹，飞羽近黑，背、肩和三级飞羽近端部具黑褐色横斑，飞行时翼上具白色横纹，腰无白色，外侧尾羽无白色横斑；下体白，胸部灰褐色，具暗褐色纤细细纹，下缘暗色平齐，胸腹白色与翅角前缘白色相连成明显的凸起，为本种显著的识别特征。涉禽，栖息于从沿海滩涂和沙洲至海拔1500 m的山区水滨的多种栖息地。性活跃，通常单独或成对活动，行走时头不停地点动。肉食性，主食水生昆虫，也食无脊椎动物和小鱼。在中国繁殖于西北、华北及东北地区，冬季南迁至不冻的沿海、河流及湿地。营巢于江河岸边沙滩草丛中地上，雏鸟早成型。

玉带河湿地公园内为冬候鸟，栖息于玉带河及周边湿地，数量较多，常见种。

黄脚三趾鹑

Yellow-legged Buttonquail *Turnix tanki*

鸻形目　三趾鹑科

体型小的棕褐色三趾鹑，体长120～180 mm，雌雄异型。喙黄色，脚黄色，仅具3趾。雄鸟上体黑褐色而具黑褐色和栗黄色点斑，飞行时翼覆羽淡皮黄色，与深褐色飞羽形成对比；雌鸟的枕及背部较雄鸟多栗色。涉禽，常以小群活动，栖息于灌木丛、草地、沼泽地及耕作地，尤喜稻茬地。杂食性，主食植物性食物，也食昆虫和其他小型无脊椎动物。在中国除宁夏、新疆、西藏、青海外，分布于各省，北方种群冬季迁至南方越冬。营巢于地面草丛或黄豆地中，雏鸟早成型。

玉带河湿地公园内为留鸟，栖息于玉带河及周边湿地、灌丛及农田，数量较少，少见种。

冬羽

红嘴鸥

Black-headed Gull *Chroicocephalus ridibundus*

鸻形目　鸥科

中等体型的灰色及白色鸥，体长350~430 mm，雌雄同型。夏羽：头部具深棕色头罩，眼后具月牙形白斑，背、肩灰色，初级飞羽基部有大块白斑，带白色斑点的黑色翅尖为本种的显著识别特征，其余体羽白色；冬羽：头部白色，眼后具深色斑点，第一冬亚成鸟的尾羽近末端具黑色横带，但翅尖无白色斑点，喙和脚暗红色。游禽，栖息于植被茂密的浅水湿地和人工湿地。喜集群，冬季喜欢湖泊、河口附近的泥质和沙质滩涂。杂食性，主食小鱼、虾、水生昆虫、甲壳类、蚯蚓、海洋无脊椎动物等。在中国为越冬地，在多数省份常见。营巢于湖泊、水塘、河流等近水的草丛、芦苇丛中，雏鸟晚成型。

玉带河湿地公园内为旅鸟，秋、冬季沿玉带河沿岸的菁芜洲镇、地郎坪、芙蓉村、官团村等河段及周边湿地迁徙，并做短暂停留，数量较少，少见种。

鲣鸟目

SULIFORMES

普通鸬鹚

Great Cormorant *Phalacrocorax carbo*

鲣鸟目　鸬鹚科

大型黑色水鸟，体长720～900 mm，雌雄同型。通体黑色，有绿褐色金属光泽；喙厚重，喙基和喉囊橙黄色，脸颊及喉白色。夏羽颈及头饰具白色丝状羽，冬羽则消失，两胁具白色斑块。亚成鸟深褐色，下体污白。游禽，栖息于大型湖泊、河流、水库及沼泽地带。游泳时身体仅背部露出水面，颈部直立，喙略上举，频繁地潜水捕鱼，喜结群活动觅食。食鱼鸟类，主食各种鱼类。在中国北方多为夏候鸟，南方为冬候鸟或留鸟。营巢于湖泊中砾石小岛、沿海岛屿，或湖边、河边或沼泽中的树上，雏鸟晚成型。

玉带河湿地公园内为冬候鸟，主要在玉带河沿岸的晒口水库、江口乡、县溪、菁芜洲镇、地连村等河段越冬，数量较少，少见种。

鹈形目

PELECANIFORMES

黄斑苇鳽

Yellow Bittern *Ixobrychus sinensis*

鹈形目　鹭科

体型最小的皮黄及黑色苇鳽，体长290～400 mm，雌雄同型。虹膜黄色，眼周裸露皮肤黄绿色，喙绿褐色，脚黄绿色。成鸟：顶冠黑色，上体淡黄褐色，后颈及背部黄褐色；下体皮黄，黑色的飞羽与皮黄色的覆羽成强烈对比。亚成鸟：褐色较浓，全身满布黄褐色纵纹，飞羽及尾黑色。涉禽，栖息于平原和低山丘陵富有水生植物的湖泊、河汊、池塘及水田。性安静，常单独活动。肉食性，主食小鱼、虾、蛙、水生昆虫等动物性食物。在中国繁殖于东北、华北、华东、华中、华南和西南地区。营巢于芦苇丛和蒲草丛中，雏鸟晚成型。

玉带河湿地公园内为夏候鸟，栖息于玉带河沿岸水生植物富集的河段及周边水塘，数量较多，常见种。

成鸟　　亚成鸟

夜　鹭

Black-crowned Night Heron *Nycticorax nycticorax*

鹈形目　鹭科

雄鸟

亚成鸟

体型中等的灰白色鹭，体长560～650 mm，雌雄同型。喙黑色尖锐，先端微向下弯，虹膜红色，脚淡黄色。成鸟：头顶、后枕、背、肩墨绿色，具金属光泽；头顶具冠羽，枕部有2~3根白色饰羽；下体灰白色。亚成鸟通体褐色，具淡黄色斑点和纵纹。涉禽，栖息于低山或丘陵平原的江河、湖泊、水库、池塘及水田。有白天休息，黄昏取食的习性。肉食性，主食蛙、鱼、虾、水生昆虫和软体动物。国内除西部外，见于各省份。结群营巢于树上，性喧闹，雏鸟晚成型。

玉带河湿地公园内为夏候鸟，繁殖于玉带河沿岸临水阔叶林、针阔混交林、针叶林，到河滩、水田及周边水塘觅食，数量丰富，优势种。

绿 鹭

Striated Heron *Butorides striata*

鹈形目　鹭科

体型小的灰绿色鹭，体长350～480 mm，雌雄同型。成鸟：顶冠及松软的长冠羽黑色闪绿色金属光泽，一道黑色线从嘴基部过眼下及脸颊延至枕后；颏喉部白色，颈和上体灰绿色，两翼及尾青蓝色并具绿色金属光泽，羽缘皮黄色；腹部灰白色。亚成鸟：上体暗褐色，翼上密布白色斑点，下体皮黄白色，具黑褐色纵纹。涉禽，栖息于山间溪流及低山丘陵的河流、水库、湖泊、池塘及水田。肉食性，经常单独活动，在水边缩颈伺机觅食，主食鱼类，也食蛙、虾、水生昆虫和软体动物。在中国繁殖于东北、长江中下游地区及西南地区，迁徙时途经中国大部分地区。营巢于树上，雏鸟晚成型。

玉带河湿地公园内为夏候鸟，繁殖于玉带河沿岸临水阔叶林、针阔混交林、针叶林，到河滩、水田及周边水塘觅食，数量较多，常见种。

亲鸟喂食

夏羽

亚成体

池　鹭

Chinese Pond Heron *Ardeola bacchus*

鹈形目　鹭科

体型略小、翼白色、身体具褐色纵纹的鹭，体长420～540mm，雌雄同型。喙粗直而尖，黄色先端黑色，基部蓝色，脚橙黄色或绿色。夏羽：头及胸部深栗色，喉和腹部白色，肩及背蓑羽蓝黑色，余部白色。冬羽：无冠羽和蓑羽，头颈及胸部具褐色纵纹，飞行时体白而背部深褐。涉禽，栖息于湖泊、江河、溪流、水塘、稻田及沼泽地带。喜群栖，常集小群与其他鹭类混群觅食。杂食性，主食小鱼、虾、蛙和蝗虫、蝇类等昆虫，也食少量植物性食物。在中国分布于长江以南各地，夏季活动区扩展至西北、华北及东北西南部。常与其他鹭类混群营巢于树林或竹林，雏鸟晚成型。

玉带河湿地公园内为夏候鸟，繁殖于玉带河沿岸临水阔叶林、针阔混交林、针叶林、毛竹林，到河滩、水田及周边水塘觅食，冬季有北方个体迁至越冬，数量丰富，优势种。

牛背鹭

Cattle Egret *Bubulcus ibis*

鹈形目　鹭科

体型小而敦实的黄及白色鹭，体长460～560mm，雌雄同型。喙短厚橙黄色，脚黑色。夏羽：头、颈、胸和背上饰羽橙黄色，其余羽色全白；冬羽：通体白色且无饰羽。涉禽，栖息于平原和山脚下的草地、荒地、沼泽、江河、水塘及水田等处。喜群栖，因其常在牛背上停歇或捕食被家畜惊飞的昆虫而得名。唯一不食鱼而以昆虫为食的鹭类。在中国分布于长江以南各地，夏季活动区扩展至华北地区。营巢于树林或竹林，雏鸟晚成型。

玉带河湿地公园内为夏候鸟，繁殖于玉带河沿岸临水阔叶林、针阔混交林、针叶林、毛竹林，到河滩、水田及周边水塘觅食，数量丰富，优势种。

夏羽

冬羽

苍鹭

Grey Heron *Ardea cinerea*

鹈形目 鹭科

体大的灰白及黑色鹭，体长900～1100 mm，雌雄同型。虹膜黄色，眼先裸皮繁殖期蓝色，喙黄色，繁殖期沾粉红色。头及颈白色，头的两侧具黑色发辫状冠羽，前颈有数条黑色纵纹，颈常缩成“S”型。上体灰色，下体白色，脚黑色。涉禽，栖息于江河、湖泊、水塘、海岸等湿地。性孤僻，在浅水中捕食。肉食性，主食鱼类、蛙、虾和昆虫等。在中国南北各地均有分布。营巢于水域附近的树上或芦苇丛和草丛中，雏鸟晚成型。

玉带河湿地公园内为冬候鸟，栖息于玉带河沿岸临水阔叶林、针阔混交林、针叶林、毛竹林，到河滩、水田及周边水塘觅食，数量较多，常见种。

中白鹭

Intermediate Egret *Ardea intermedia*

鹈形目　鹭科

体型中等的白色鹭，体长560~720 mm，雌雄同型。虹膜黄色，嘴裂不超过眼睛，为本种区别于大白鹭的显著识别特征之一，脚黑色。通体白色，颈呈“S”形。夏羽背及胸部有松软的长丝状羽，喙黑色，短期呈粉红色，脸部裸露皮肤灰色；冬羽：喙黄色，尖端黑色，饰羽褪去。涉禽，栖息于江河、湖泊、水塘、水田、海岸等湿地。可与欧类混群觅食，肉食性，主食鱼类、蛙、虾和昆虫等。在中国东北和华北为夏候鸟，长江以南越冬。群居繁殖，与多营巢于水域附近的大树或灌丛中，雏鸟晚成型。

玉带河湿地公园内为冬候鸟，栖息于玉带河沿岸临水阔叶林、针阔混交林、针叶林、毛竹林，到河滩、水田及周边水塘觅食，数量较多，常见种。

冬羽

白　鹭

Little Egret *Egretta garzetta*

鹈形目　鹭科

雌鸟育雏

体型较小的白色鹭，体长550~680mm，雌雄同型。喙黑色，嘴裂处及下喙基部淡黄色，脚黑色，趾黄绿色。夏羽：通体白色，枕部着生两条狭长而软的矛状羽，肩和胸着生蓑羽，眼先裸皮粉红色；冬羽：头、胸、背饰羽褪去，眼先裸皮黄绿色。涉禽，栖息于低山丘陵和平原湖泊、江河、溪流、水塘、稻田及沼泽地带。喜集群，较大胆，常集小群与其他鹭类混群觅食。肉食性，主食小鱼、泥鳅、黄鳝、虾、蛙和蜻蜓幼虫、蝼蛄、蚂蚁等。在中国广泛分布，主要常见于长江以南各地。常与其他鹭类混群营巢于树林或竹林，雏鸟晚成型。

玉带河湿地公园内为留鸟，栖息于玉带河沿岸临水阔叶林、针阔混交林、针叶林、毛竹林，到河滩、水田及周边水塘觅食，数量丰富，优势种。

雄鸟夏羽

鹰形目
ACCIPITRIFORMES

黑翅鸢
Black-winged Kite *Elanus caeruleus*

鹰形目　鹰科

体小的黑白灰三色鸢，体长约300mm，雌雄同型。虹膜红色，喙黑色，蜡膜黄色，眼周具黑色，肩部具黑色的斑块，初级飞羽黑色，为本种显著的识别特征。成鸟：头顶、背、翼覆羽及尾基部灰色，脸、颈及下体白色，脚黄色。亚成鸟：似成鸟但沾褐色。猛禽，栖息于低地及山区的草地、农田等开阔生境。唯一一种振翅停于空中寻找猎物的白色鹰类，平时多栖落于枯树或电线杆等较为突出的地方。肉食性，主食蛙、蜥蜴、小鸟、鼠类和大型昆虫。在中国华南、华东及西南地区有分布，近年来在华北一带出现频率有所增加。营巢于平原或山地丘陵地区的树上或高的灌木上，雏鸟晚成型。

国家Ⅱ级重点保护鸟类。玉带河湿地公园内为冬候鸟，栖息于玉带河沿岸的万佛山镇、瑶坪村、官团村、土门村、地连村、菁芜洲镇、县溪、江口乡、水涌村、晒口水库等河段生态保育区及周边山区森林，偶尔到河边及农田上空盘旋觅食，数量稀少，稀有种。

褐冠鹃隼

Jerdon's Baza *Aviceda jerdoni*

鹰形目 鹰科

体型中等的褐色鹃隼，体长460~480 mm，雌雄同型。虹膜黄红色，喙黑色，蜡膜浅蓝灰；头部具标志性的黑褐色冠羽，常垂直竖起，喉白色，正中具一条黑色纵纹。上体褐色，翅宽圆，初级飞羽具黑色的端斑；下体白色具黑色纵纹，胸腹部具赤褐色横纹，脚及腿黄色。猛禽，栖息于山地、丘陵、平原的森林和林缘地带。肉食性，主食蛙、蜥蜴、蝙蝠和昆虫。在中国分布于云南、广西和海南。通常营巢于高山森林中的树上，雏鸟晚成型。

国家Ⅱ级重点保护鸟类。玉带河湿地公园内为迷鸟，也是湖南省鸟类新纪录种，偶见于玉带河沿岸的万佛山镇、官团村、瑶坪村等河段周边山区森林，数量稀少，稀有种。

黑冠鹃隼

Black Baza *Aviceda leuphotes*

鹰形目　鹰科

体型略小的黑白色鹃隼，体长300～350 mm，雌雄同型。体色黑白相间，头蓝黑色，头顶具黑色的长冠羽，常直立，为本种显著的识别特征；喉和颈黑色，上胸具一条白色宽纹；两翼短圆，翼灰而端黑具白斑，腹部具深栗色横纹。猛禽，栖息于低山丘陵、山麓平原的开阔林缘地带。常成对或小群活动，飞行时振翼如鸦，滑翔时两翼平直。食虫类，主食大型昆虫。在中国分布于华中、华东、华南和西南地区。营巢于森林中的河流岸边或邻近的高大树木上，雏鸟晚成型。

国家Ⅱ级重点保护鸟类。玉带河湿地公园内为留鸟，栖息于玉带河沿岸的万佛山镇、官团村、瑶坪村等河段周边阔叶林、针阔混交林，常到河边及农田区觅食，数量稀少，稀有种。

蛇　雕

Crested Serpent Eagle *Spilornis cheela*

鹰形目　鹰科

中等体型的深色雕，体长420～760 mm，雌雄同型。头顶黑色，具显著的黑色扇形冠羽，其上着白色横斑，虹膜黄色，喙蓝灰色，喙基部至眼周着明显黄色，为本种显著的识别特征；两翼宽圆而尾短，脚黄色，爪黑色。成鸟：上体深褐色或灰褐色，具斑驳的白色点状浅斑；下体褐色，腹部、两肋及臀具白色点斑，尾部黑色横斑间以灰白色的宽横斑。亚成鸟：似成鸟但褐色较浓，体羽多白色。猛禽，栖息于山地森林及其林缘开阔地带。常于森林或人工林上空盘旋，成对互相召唤。肉食性，主食蛇类，也食鸟类、鼠类、蛙和甲壳类动物。在中国分布于长江以南各地，有时也见于华北地区。营巢于森林中大树顶端的枝杈上，雏鸟晚成型。

国家Ⅱ级重点保护鸟类。玉带河湿地公园内为留鸟，栖息于玉带河沿岸的万佛山镇、官团村、土门村、瑶坪村、晒口水库等河段周边森林中成熟林内，常到河边及农田区觅食，数量稀少，稀有种。

日本松雀鹰

Japanese Sparrowhawk *Accipiter gularis*

鹰形目　鹰科

小型粗壮而紧凑的鹰，体长250~340 mm，雌雄异型。头部比例较其他鹰大，喙石板蓝色，蜡膜黄色，无明显的髭纹；喉部中央黑纹较细窄；翅短圆，五翼指；尾短而方，脚黄色。雄鸟：上体深灰，胸浅棕色，腹部具细羽干纹，尾灰并具几条深色带。雌鸟：上体褐色，下体少棕色具浓密的褐色横斑且较雄鸟粗。猛禽，栖息于山地针叶林和针阔混交林中。迁徙时经过平原区，城市园林中偶尔也可见到。肉食性，主食小型鸟类，也食昆虫、蜥蜴等动物性食物。在中国东北和华北北部繁殖，越冬于中国南方及东南亚。营巢于茂密山林及林缘高大树木上，雏鸟晚成型。

国家Ⅱ级重点保护鸟类。玉带河湿地公园内为冬候鸟，栖息于湿地公园及周边森林内，常到河边及农田区觅食，数量较少，少见种。

松雀鹰

Besra *Accipiter virgatus*

鹰形目　鹰科

中等体型的深色鹰，体长280～380 mm，雌雄异型。体型较日本松雀鹰大而较雀鹰小，喉白具较粗的黑色喉中线，有黑色髭纹。成年雄鸟：上体深灰色，尾具4道暗色粗横斑，飞行时第二枚初级飞羽短于第六枚初级飞羽；下体白，翼下覆羽和腋羽棕色并具有黑色横斑，两胁棕色且具褐色横斑。雌鸟及亚成鸟：雌鸟个体稍大，两胁棕色少，下体多具红褐色横斑，背褐色，尾褐色而具深色横纹。猛禽，栖息于茂密的针叶林和常绿阔叶林及开阔的林缘疏林地带。常单独活动，高空飞翔时鼓翅频繁。肉食性，主食小型鸟类，也食昆虫、蜥蜴和鼠类。在中国分布于华中、华东、华南及西南部。营巢于森林中枝叶茂盛的高大树木上部，雏鸟晚成型。

国家Ⅱ级重点保护鸟类。玉带河湿地公园内为留鸟，栖息于湿地公园及周边森林内，常到河边、农田、村落上空伺机觅食，数量较少，少见种。

雄鸟

白尾鹞

Hen Harrier *Circus cyaneus*

鹰形目　鹰科

体型略大的灰色或褐色鹞，体长410～530 mm，雌雄异型。喙铅灰色，虹膜黄色；具显眼的白色腰部，为本种显著的识别特征；脚黄色。雄鸟：通体浅灰色，头颈部颜色略深，翼尖黑色。雌鸟：稍大，上体暗褐色，下体皮黄色或黄白色，上胸具粗的红褐色或暗棕褐色纵纹。猛禽，栖息于湖泊、沼泽、荒野及农田、苇塘等开阔地带。喜低空巡航，捕食地面猎物。肉食性，主食小鸟、鼠类、蛙和大型昆虫。在中国东北和西北地区繁殖，越冬于长江中下游地区。营巢于枯芦苇丛、草丛或灌丛中地上，雏鸟晚成型。

国家Ⅱ级重点保护鸟类。玉带河湿地公园内为冬候鸟，栖息于玉带河沿岸的万佛山镇、官团村、瑶坪村等河段周边林缘灌丛及周边农田，常盘旋湿地上空伺机觅食，数量较少，少见种。

黑　鸢

Black Kite *Milvus migrans*

鹰形目　鹰科

翔姿

站姿

中等体型的深褐色猛禽，体长540~690mm，雌雄同型。雌鸟较雄鸟稍大；喙黑色，虹膜暗褐色，耳羽黑色；上体暗褐色，下体棕褐色，飞行时初级飞羽基部浅色斑与近黑色的翼尖成对照；尾较长具宽度相等的黑色和褐色相间的横斑，飞行时尾成浅叉型为本种显著识别特征；脚黄色。亚成鸟头及下体具皮黄色纵纹。猛禽，栖息于开阔平原、草地、荒原和低山丘陵地带，也常见于城郊、河流附近及沿海地区。肉食性，主食野兔、鼠类、小鸟、蛇、蛙、鱼和大型昆虫，也食腐肉，常在垃圾堆中觅食。在中国广布于各地。营巢于高大树上，雏鸟晚成型。

国家Ⅱ级重点保护鸟类。玉带河湿地公园内为留鸟，栖息于玉带河沿岸的县溪、晒口水库、水涌村、大鱼潭等河段林缘及周边乡村，常盘旋湿地上空伺机觅食，数量较少，少见种。

灰脸鵟鹰

Grey-faced Buzzard *Butastur indicus*

鹰形目　鹰科

中等体型的偏褐色鵟鹰，体长390~460 mm，雌雄同型。喙黑色、虹膜黄色，眉纹白色；颏及喉为明显白色，具粗的黑褐色喉中线；脸颊和耳区灰色；上体褐色，具近黑色的纵纹及横斑；下体色浅，胸褐色而具黑色细纹；下体余部具棕色横斑；尾细长，平型；脚黄色。猛禽，栖息于开阔林地及林缘、草地和农田。集大群迁徙，飞行缓慢沉重，喜从树上栖处捕食。肉食性，主食小型蛇类、蛙、野兔，也食大型昆虫和动物尸体。在中国繁殖于东北、华北至华中等地，在长江中下游、西南地区和台湾越冬。营巢于阔叶林或混交林中靠河岸的树上，也可在地面营巢，雏鸟晚成型。

国家Ⅱ级重点保护鸟类。玉带河湿地公园内为冬候鸟，栖息于玉带河沿岸的万佛山镇、官团村等上游河段周边山地林缘，常盘旋湿地上空伺机觅食，数量稀少，稀有种。

普通鵟

Eastern Buzzard *Buteo japonicus*

鹰形目　鹰科

体型略大的红褐色鵟，体长500～590 mm，雌雄同型。色型多变，由深棕色至浅棕色；喙铅灰色，端黑，虹膜黄色至褐色；脸侧皮黄具近红色细纹，栗色的髭纹显著。上体多为深红褐色；下体偏白，具深色横斑或纵纹，两肋及腿沾棕色。飞行时两翼宽而圆，初级飞羽基部具特征性白色块斑，在高空翱翔时两翼略呈“V”形，初级飞羽基部有明显的白斑，飞羽外缘和翼角黑色。尾浅灰褐色，具多道暗色横斑，尾羽打开呈扇形，具窄的次端横带；脚黄色。猛禽，栖息于山地森林及林缘、农田等开阔地带，城市中也常见。常站立于电线、裸岩等突出处，伺机捕食。肉食性，主食鼠类、野兔、雉鸡，也食腐肉。在中国繁殖于东北地，在长江中下游地区越冬。营巢于林缘或森林中的针叶树上，雏鸟晚成型。

国家Ⅱ级重点保护鸟类。玉带河湿地公园内为冬候鸟，栖息于湿地公园林缘，常到湿地及农田、村落觅食，数量较少，少见种。

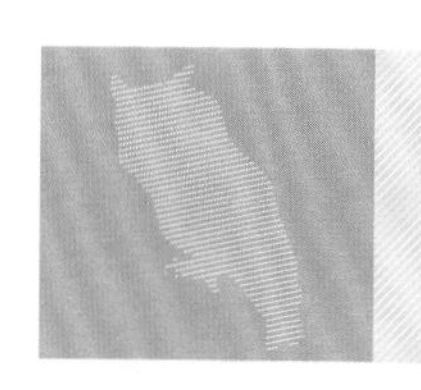

鸮形目

STRIGIFORMES

领角鸮

Collared Scops Owl *Otus lettia*

鸮形目　鸱鸮科

体型略大的偏灰或偏褐色角鸮，体长200～270 mm，雌雄同型。头部具明显耳羽簇，浅沙色颈圈为本种显著的识别特征，虹膜深褐色；喙黄色。上体偏灰色或沙褐色，并多具黑色及皮黄色的杂纹或斑块；下体白色或皮黄色，缀有淡褐色波状横斑和黑色羽干纹，脚污黄。猛禽，栖息于山地阔叶林和混交林，山麓林缘和村寨附近树林及城郊的林荫道。夜行性，白天常躲藏在浓密的树枝间，黄昏后开始活动和鸣叫，多从低处的栖枝扑至地面捕食。肉食性，主食鼠类、甲虫、蝗虫、鞘翅目等昆虫。在中国东北、华北地区为夏候鸟，华东、华南及西南地区多为留鸟。营巢于天然树洞中，雏鸟晚成型。

国家Ⅱ级重点保护鸟类。玉带河湿地公园内为留鸟，栖息于湿地公园沿河两岸成熟林和村寨高大乔木林内，在玉带河沿岸灌草丛、农田觅食，数量较少，少见种。

红角鸮

Oriental Scops Owl *Otus sunia*

鸮形目 鸱鸮科

体小“有耳”型角鸮，体长170～220 mm，雌雄同型。虹膜黄色，嘴角质色，体羽多纵纹。耳簇羽显著，面盘呈灰褐色，密布纤细的黑纹；上体有棕栗色型和灰色型之分，具细密的黑褐色虫蠹状斑和黑褐色纵纹，头顶至背和翅覆羽具棕白色或白色斑点；下体大部红褐色至灰褐色，具暗褐色纤细横斑和黑褐色羽干纹；脚褐灰色，跗跖被羽，但不至趾。猛禽，栖息于山地阔叶林和混交林，山麓和平原林缘和村寨附近树林，喜有树丛的开阔原野。夜行性，白天藏身于林内静止不动，受惊时身体挺直而耳簇羽竖立。黄昏后开始活动和鸣叫，鸣声易辨识，为深沉单调的chook声，约三秒钟重复一次，声似蟾鸣。雌鸟叫声较雄鸟略高。肉食性，主食昆虫、鼠类、小鸟。在中国夏季常见于东北、华北、华东至长江以南，也见于西藏东南至西南、华南，偶见于台湾。营巢于天然树洞中，雏鸟晚成型。

国家Ⅱ级重点保护鸟类。玉带河湿地公园内为留鸟，栖息于湿地公园沿河两岸成熟林和村寨高大乔木林内，在玉带河沿岸灌草丛、农田觅食，数量较少，少见种。

褐林鸮

Brown Wood Owl *Strix leptogrammica*

鸮形目　鸱鸮科

体大、全身满布红褐色横斑的鸮鸟，体长约500 mm，雌雄同型。无耳羽簇，面庞分明，眼极大，眼圈深棕色，虹膜深褐色，似戴上了棕色“眼镜”，眉纹白色，喙偏白；上体深褐色，皮黄色及白色横斑浓重；下体皮黄色具深褐色的细横纹，胸淡染巧克力色；脚蓝灰色。猛禽，栖息于南方低山亚热带阔叶林或混交林的成熟林内。夜行性，白天遭扰时体羽紧缩，眼半睁以观动静，拟态如朽木，黄昏后常成对活动，捕食前雌雄常相互以鸣声相约。肉食性，主食啮齿类和鸟类。在中国见于南方地区，包括海南和台湾。营巢于天然树洞中，雏鸟晚成型。

国家Ⅱ级重点保护鸟类。玉带河湿地公园内为留鸟，栖息于湿地公园沿河两岸山地成熟林内，在玉带河沿岸灌草丛、农田觅食，数量稀少，稀有种。

领鸺鹠

Collared Owlet *Glaucidium brodiei*

鸮形目 鸱鸮科

纤小而多横斑的鸺鹠，体长140～160 mm，雌雄同型。虹膜黄色，嘴角质色，颈圈浅色，无耳羽簇。上体浅褐色而具橙黄色横斑，头顶灰色，具白或皮黄色的小型“眼状斑”，颈背有橘黄色和黑色的假眼，为本种显著的识别特征；下体白色，喉白满具褐色横斑，胸、腹部及两胁有宽阔的棕褐色长纵纹和横斑；大腿及臀白色具褐色纵纹，脚灰色。猛禽，栖息于海拔800~3500 m间的各类森林及林缘灌丛地带。夜行性，白天常发出叫声或遭受其他鸟的围攻时可见此鸟于高树；夜晚栖于高树，由凸显的栖木上出猎捕食，飞行时振翼极快。肉食性，主食昆虫、鼠类、小鸟及其他无脊椎动物。在中国见于西藏东南部、华中、华东、西南、华南、东南以及海南和台湾。营巢于树洞或天然树洞中，也利用啄木鸟的洞巢，雏鸟晚成型。

国家Ⅱ级重点保护鸟类。玉带河湿地公园内为留鸟，栖息于湿地公园沿岸及周边山地各类林型，常在玉带河沿岸疏林带、灌草丛、农田觅食，数量较少，少见种。

斑头鸺鹠

Asian Barred Owlet *Glaucidium cuculoides*

鸮形目　鸱鸮科

体小而遍具棕褐色横斑的鸮鸟，体长200～260 mm，雌雄同型。虹膜黄褐色，喙偏绿而端黄色，无耳羽簇，面盘不明显，白色的颏纹明显，下线为褐色和皮黄色。上体棕栗色而具赭色横斑，沿肩部有一道白色线条将上体断开；下体几全褐，具赭色横斑，两胁栗色，臀片白，脚绿黄色。猛禽，栖息于从平原、低山丘陵到海拔2000 m左右的各类森林，也出现于村寨和农田附近的疏林和灌丛中。夜行性，多在夜间和清晨发出叫声，但有时白天也活动。肉食性，主食昆虫，也食鼠类、小鸟及其他无脊椎动物。在中国见于西藏东南部、云南、华中、华东、华南、东南包括海南，偶见于北京和山东。营巢于树洞或天然树洞中，雏鸟晚成型。

国家Ⅱ级重点保护鸟类。玉带河湿地公园内为留鸟，栖息于湿地公园沿岸及周边山地各类林型，常在玉带河沿岸疏林带、灌草丛、农田觅食，数量较少，少见种。

草　鸮

Eastern Grass Owl *Tyto longimembris*

鸮形目　草鸮科

中等体型的鸮类，体长350～440 mm，雌雄同型。头圆而脸平，虹膜褐色，喙米黄色，灰棕色面盘宽而呈心形，为本种显著的识别特征。上体深褐色，脸及胸部的皮黄色色彩甚深，全身多具点斑、杂斑或蠕虫状细纹，脚略白，跗跖被羽至趾。猛禽，栖息于低山丘陵、山坡草地和开阔高草地。夜行性，多在夜间发出响亮刺耳的叫声。肉食性，主食鼠类和小型哺乳动物，也食蛇、蛙、鸟和昆虫。在中国见于云南东南部、贵州、华中、华东、华南、东南包括台湾。营巢于茂密的草丛中或大树根部，雏鸟晚成型。

国家Ⅱ级重点保护鸟类。玉带河湿地公园内为留鸟，栖息于湿地公园沿岸高草丛及周边山地林缘灌草丛，在玉带河沿岸疏林带、灌草丛、农田觅食，数量稀少，稀有种。

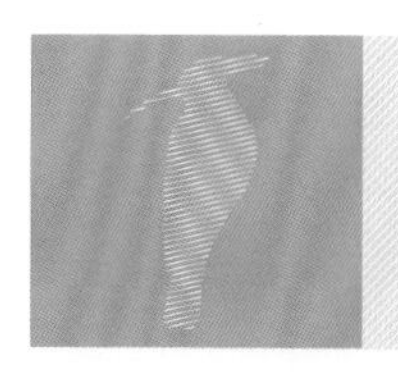

犀鸟目

BUCEROTIFORMES

戴　胜

Common Hoopoe *Upupa epops*

犀鸟目　戴胜科

中等体型不会错识的色彩鲜明的鸟类，体长250～320 mm，雌雄同型。黑色喙长且下弯，虹膜褐色。头顶具长而尖黑的耸立型粉棕色丝状冠羽，可展开呈扇形，为本种显著的识别特征；头、上背、肩及下体粉棕，两翅及尾具黑白相间的条纹，翅宽圆，脚黑色。攀禽，栖息于山地森林，平原、河谷、农田、草地等边缘林地带。性活泼，有警情时冠羽立起，起飞后松懈下来。喜开阔和基质松软的地面，长长的嘴在地面翻动寻找食物。食虫类，主食直翅目、膜翅目、鞘翅目和鳞翅目等昆虫及幼虫。在中国常见于各省份，北方鸟冬季南下至长江以南越冬，偶见于台湾。营巢于林缘或林中道路两边天然树洞及啄木鸟的弃洞中，雏鸟晚成型。

玉带河湿地公园内为留鸟，栖息于玉带河沿岸林带及周边山地成熟林内，在玉带河沿岸滩涂、灌丛、农田觅食，数量较少，少见种。

佛法僧目

CORACIIFORMES

蓝喉蜂虎

Blue-throated Bee-eater *Merops viridis*

佛法僧目　蜂虎科

中等体型的偏蓝色蜂虎，体长210～280 mm，雌雄同型。成鸟：头顶及上背巧克力色，过眼线黑色，虹膜红色或褐色，黑色喙细长而尖，微向下曲；翅蓝绿色，腰及长尾浅蓝，中央尾羽延长成针状，明显突出于外；下体浅绿色，颏、喉蓝色为本种显著的识别特征，脚灰色或褐色。亚成鸟：尾羽无延长，头及上背绿色。攀禽，栖息于林缘疏林、灌丛、草坡等开阔地。繁殖期群鸟聚于多沙地带。少飞行或滑翔，常待在栖木上等待过往昆虫。偶从水面或地面拾食昆虫。食虫类，主食各种蜂类，也食其他昆虫。在中国繁殖于河南、湖北一线以南省份。营巢于地洞中，雏鸟晚成型。

玉带河湿地公园内为夏候鸟，栖息于玉带河沿岸疏林带和河岸突出地段，在玉带河沿岸沙洲、灌丛、农田觅食，数量较少，少见种。

蓝翡翠

Black-capped Kingfisher *Halcyon pileata*

佛法僧目　翠鸟科

体大的蓝、白及黑色翡翠鸟，体长260~310 mm，雌雄同型。头黑色，颈具一宽的白色颈环，红色喙长且粗直，为本种显著的识别特征，虹膜深褐色。上体羽为亮丽的蓝紫色，翅上覆羽黑色，飞行时初级飞羽主干形成的白色翼斑显见；下体腹两胁及臀沾棕黄色，脚红色。攀禽，栖息于山溪、河流、水塘及沼泽地带，喜大河流两岸、河口及红树林。肉食性，主食小鱼、虾、蟹、水生昆虫，也食小型蛙类和蜥蜴类。在中国夏季见于华北、华东、华中及华南，包括海南，迷鸟见于台湾。营巢于水域岸边土岩岩壁上，雏鸟晚成型。

玉带河湿地公园内为夏候鸟，栖息于玉带河上游及下游河岸岩壁突出地带，常站立在玉带河沿岸或沙洲灌丛上站立，伺机觅食，数量较少，少见种。

普通翠鸟

Common Kingfisher *Alcedo atthis*

佛法僧目　翠鸟科

体小具亮蓝色及棕色的翠鸟，体长260~310 mm，雌雄同型。虹膜褐色，雄鸟喙黑色，雌鸟下颚橘黄色。上体金属浅蓝绿色，耳覆羽棕色，颈侧具白色点斑；下体橙棕色，颏白，脚红色。幼鸟色黯淡，具深色胸带。攀禽，栖息于有灌丛或疏林、水清澈而缓流的溪流、河流、湖泊、鱼塘、水稻田、灌溉渠及滨海红树林。栖于河岸岩石或探出的灌丛枝头上，转头四顾寻鱼而入水捉之。肉食性，主食小鱼、虾及水生昆虫。在中国几乎广布于全国各地，北方种群在冰冻季节南下越冬。营巢于水域岸边或附近陡直的土岩、砂岩壁上，掘洞为巢，雏鸟晚成型。

玉带河湿地公园内为留鸟，栖息于玉带河各河段，常站立在玉带河沿岸或沙洲灌丛上，伺机觅食，数量较多，常见种。

斑鱼狗

Pied Kingfisher *Ceryle rudis*

佛法僧目　翠鸟科

中等体型的黑白色鱼狗，体长250～310 mm，雌雄同型。黑色喙长且粗直，头顶冠羽较短小，虹膜褐色，具显眼白色眉纹。通体呈黑白斑驳状，上体黑而多具白点，初级飞羽及尾羽基白而稍黑；下体白色，上胸具黑色的宽阔条带，其下具狭窄的黑斑，雌鸟胸带不如雄鸟宽，白色领环不完整，在后颈中断。攀禽，栖息于低山和平原溪流、河流、湖泊、运河、水塘、灌溉渠等开阔水域岸边。喜嘈杂，唯一常悬停水面寻食的鱼狗。肉食性，主食鱼、虾、水生昆虫，也食蝌蚪和蛙类。在中国常见于华东、华南及海南。营巢于河流岸边沙地上，掘洞为巢，雏鸟晚成型。

玉带河湿地公园内为留鸟，栖息于玉带河各河段，常沿河低空飞行或悬停在河面上空，伺机觅食，数量较少，少见种。

啄木鸟目

PICIFORMES

大拟啄木鸟

Great Barbet *Psilopogon virens*

啄木鸟目　拟啄木鸟科

体型甚大的啄木鸟，体长300～340 mm，雌雄同型。头大呈墨蓝色，牙黄色喙粗壮而端黑，虹膜褐色。上背至胸前橄榄褐色，上体余部和尾部亮绿色；翼下覆羽有时略染蓝色，腹黄而带深绿色纵纹，尾下覆羽亮红色，脚灰色。攀禽，栖息于2000米以上的中海拔地带常绿阔叶林和针阔混交林中。有时数鸟集于一棵树顶鸣叫。飞行如啄木鸟，升降幅度大。杂食性，主食阔叶树果实，也食昆虫。在中国常见于南方省份。营巢于山地森林大树，凿洞为巢，雏鸟晚成型。

玉带河湿地公园内为留鸟，栖息于玉带河沿岸大树及周边阔叶林，春、夏季常在湿地公园及周边山地林间高声鸣叫，难见其身，数量较少，少见种。

黑眉拟啄木鸟

Chinese Barbet *Psilopogon faber*

啄木鸟目　拟啄木鸟科

体型略小的绿色拟啄木鸟，体长200～250 mm，雌雄同型。头部色彩明艳，有蓝红黄黑四色。黑色喙短粗，虹膜褐色，具粗著的黑色眉纹，头侧、耳羽、颊及下喉蓝色，下喉和颈侧形成蓝色颈环；颏和下喉金黄色，颈侧具红点；脚灰绿色。亚成鸟色彩较黯淡。攀禽，栖息于海拔2500米以下的亚热带阔叶林地，典型的冠栖拟啄木鸟。杂食性，主食阔叶树果实和种子，也食昆虫。在中国常见于华南地区。营巢于山地森林大树，凿洞为巢，雏鸟晚成型。

玉带河湿地公园内为留鸟，为通道县首次发现的湖南省鸟类新纪录种。栖息于玉带河上游和下游河岸周边阔叶林内，春、夏季常在山地林间高声鸣叫，难见其身，数量较多，常见种。

蚁 鴷

Eurasian Wryneck *Jynx torquilla*

啄木鸟目　啄木鸟科

体小的灰褐色啄木鸟，体长160～190 mm，雌雄同型。特征为体羽斑驳杂乱，角质色喙短圆锥形，虹膜淡褐。上体银灰色或浅灰色，具粗细不一的虫蠹纹，两翅和尾锈色，具黑色和灰色横斑或点斑；下体赭灰色或皮黄色，具窄小的暗色横斑。攀禽，栖息于阔叶林、针阔混交林及灌木丛。通常单独活动，不同于其他啄木鸟，蚁鴷栖于树枝而不攀树，也不錾啄树干取食。人近时做头部往两侧扭动的动作。食虫类，主食蚂蚁、蚂蚁卵和蛹，也食甲虫。在中国繁殖于华中、华北及东北，南迁至华南、海南及台湾越冬。营巢于树洞或啄木鸟废弃洞中，雏鸟晚成型。

玉带河湿地公园内为冬候鸟，栖息于玉带河沿岸灌丛及山地林缘，数量较少，少见种。

斑姬啄木鸟

Speckled Piculet *Picumnus innominatus*

啄木鸟目　啄木鸟科

纤小橄榄色背的似山雀型啄木鸟，体长90～100 mm，雌雄同型。头顶橄榄褐色至上体的橄榄绿色，雄鸟前额橘黄色，喙近黑，虹膜红色；下体乳白色，具粗著排列有序的黑点斑，黑色贯眼纹和白色眉纹、髭纹形成脸部鲜明图案，尾中央白色而两侧黑色，脚灰色。攀禽，栖息于海拔1500 m以下的亚热带或热带常绿阔叶林、混交林、灌丛及竹林。觅食时持续发出轻微的叩击声。食虫类，主食蚂蚁、甲虫和其他昆虫。在中国栖息于秦岭以南大部分地区。营巢于树洞中，雏鸟晚成型。

玉带河湿地公园内为留鸟，栖息于玉带河沿岸阔叶林、混交林、毛竹林及灌丛，数量较多，常见种。

白眉棕啄木鸟

White-browed Piculet *Sasia ochracea*

啄木鸟目 啄木鸟科

纤小的绿色及橘黄色山雀型短尾啄木鸟，体长81～90 mm，雌雄同型。头、枕部、背部及翅均为橄榄绿色。喙近黑色，虹膜红色，眼周裸出呈红色，眉纹白色长而明显；脸、颏、喉、胸及腹部均为棕色，雄鸟前额黄色，雌鸟前额棕色，脚黄色，对趾足，仅三趾，亚成鸟色较黯淡。攀禽，栖于海拔2000米以下的阔叶林及次生林，尤其是竹林的中下层。在树干树枝上觅食时常发出轻微叩击声。食虫类，主食蚂蚁和各种昆虫。在中国记录于西藏东南部，云南西部、西南部和东南部，以及广西、湖南和贵州南部。营巢于树洞中，雏鸟晚成型。

玉带河湿地公园内为留鸟，为通道县首次发现的湖南省鸟类新纪录种。栖息于玉带河沿岸阔叶林、次生林及竹林，数量稀少，稀有种。

棕腹啄木鸟

Rufous-bellied Woodpecker *Dendrocopos hyperythrus*

啄木鸟目　啄木鸟科

中等体型色彩浓艳的啄木鸟，体长180～240 mm，雌雄异型。喙灰而端黑，额、眼先、眼周至颏白色，虹膜褐色。雄鸟顶冠及枕红色，雌鸟顶冠黑而具白色点斑；背、两翼及尾黑，上具成排的白点；头侧及下体浓赤褐色为本种显著识别特征；臀红色，脚灰色。攀禽，栖于针叶林或混交林，在海拔1500~4300 m作垂直迁移。食虫类，主食各种昆虫，偶尔也食植物果实。在中国繁殖于西藏西南至东南、四川和云南的西北部、西部及南部，繁殖在黑龙江中海拔地带的群体秋冬季节经东部迁徙至华南地区越冬。营巢于树洞中，雏鸟晚成型。

玉带河湿地公园内为旅鸟，栖息于玉带河沿岸山地针叶林和针阔混交林中，数量较少，少见种。

星头啄木鸟

Grey-capped Woodpecker *Dendrocopos canicapillus*

啄木鸟目　啄木鸟科

体小具黑白色条纹的啄木鸟，体长140～180 mm，雌雄异型。黑白色相间，灰色喙略短，头顶灰色，虹膜淡褐色，雄鸟眼后上方具红色条纹。上体黑色，具显眼的白色肩斑，下背至腰和两翅呈黑白色状斑；下体无红色，腹部棕黄色具近黑色条纹，脚绿灰色。攀禽，栖息于海拔2000 以下的各种林型，喜有大树的阔叶林或混交林。食虫类，主食各种昆虫，偶尔也食植物果实和种子。在中国分布于东北至华北、华东、华南、西南和西藏东南部，也见于台湾。营巢于心材腐朽的树干上，雏鸟晚成型。

玉带河湿地公园内为留鸟，栖息于玉带河沿岸高大乔木及成熟林中，数量较多，常见种。

大斑啄木鸟

Great Pied Woodpecker *Dendrocopos major*

啄木鸟目　啄木鸟科

体型中等的常见型黑相间的啄木鸟，体长200~250 mm，雌雄异型。雄鸟枕部具狭窄红色带而雌鸟无，喙灰色，额、颊和耳羽白色，虹膜近红色。上体主要为黑色，肩和翅上各有一块大白斑，飞羽亦具黑白相间的横斑，尾黑色，外侧尾羽具黑白相间的横斑；下体污白，胸部两侧带黑色细纹，两性臀部均为红色，但带黑色纵纹的近白色胸部上无红色或橙红色。攀禽，栖息于各种温带林区和亚热带混交林或次生林中，也见于农耕区和城市园林绿地。平时多单独活动，繁殖季节成对活动。食虫类，主食各种昆虫，也食橡实、松子和草籽等。在中国分布最广的啄木鸟，从东北、华北、西北地区东部，遍及西南、华中、华东、华南及海南。营巢于树洞中，雏鸟晚成型。

玉带河湿地公园内为留鸟，栖息于玉带河沿岸高大乔木及成熟林中，数量较多，常见种。

灰头绿啄木鸟

Grey-headed Woodpecker *Picus canus*

啄木鸟目　啄木鸟科

中等体型的绿色啄木鸟，体长260～330 mm，雌雄异型。喙近灰相对短而钝，眼先和颚纹黑色，虹膜红褐色，颊及喉亦灰。雄鸟：前顶冠猩红色；雌鸟顶冠灰色而无红斑。背灰绿色至橄榄绿色，飞羽黑色，具白色横斑；下体全灰，脚蓝灰色。攀禽，栖息于低山阔叶林和混交林及林缘。怯生谨慎，常活动于小片林地及林缘，亦见于大片林地。有时下至地面寻食蚂蚁。食虫类，主食各种昆虫，也食植物果实和种子。在中国分布于各省份。营巢于树洞中，雏鸟晚成型。

玉带河湿地公园内为留鸟，栖息于玉带河沿岸各种林型，数量较多，常见种。

黄嘴栗啄木鸟

Bay Woodpecker *Blythipicus pyrrhotis*

啄木鸟目　啄木鸟科

体型略大的棕褐色啄木鸟，体长250～320mm，雌雄异型。形长的浅黄色喙，周身赤褐具黑斑，为本种显著的识别特征，虹膜红褐，脚褐黑。雄鸟颈侧及枕具绯红色块斑，雌鸟无此斑。攀禽，栖息于海拔500~2200米的常绿阔叶林，不錾击树木。食虫类，主食各种昆虫，也食蠕虫及其他小型无脊椎动物。在中国分布于藏东南至云南西部、南部，也见于东南、华中、华南和海南。营巢于树洞中，雏鸟晚成型。

玉带河湿地公园内为留鸟，栖息于玉带河沿岸常绿阔叶林及毛竹林，种群数量较多，常见种。

隼形目
FALCONIFORMES

红 隼

Common Kestrel *Falco tinnunculus*

隼形目 隼科

雄鸟

雌鸟

体小的赤褐色隼，体长310～380 mm，雌雄异型。喙灰而端黑，蜡膜黄色，虹膜褐色，脚黄色。雄鸟：脸颊、颏、喉苍白色，头顶至后枕灰色，眼后具短的黑色眉纹，眼下具长而明显的黑色髭纹；上背赤褐色并具黑色横斑或鳞状斑，飞羽黑色，尾羽蓝灰色而具宽阔的黑色次端斑或不显著的白色端斑，下体浅红褐色而具黑色纵纹，下腹至臀红色较暗而无斑纹；雌鸟体型略大：上体全褐，比雄鸟少赤褐色而多粗横斑。亚成鸟：似雌鸟，但纵纹较重。猛禽，栖息于山地森林、低山丘陵、平原、旷野、农田和村寨等多种生境。常单独或成对活动于多草和低矮植被的开阔原野，停栖于电线、树桩、枯枝等显眼位置，或在空中特别优雅——捕食时懒懒地盘旋或斯文不动地停在空中。猛扑猎物，常从地面捕捉猎物。肉食性，主食啮齿类、两栖爬行类和小鸟，也食各种大型昆虫。在中国广布除沙漠腹地以外的几乎所有地域。营巢于悬崖、山坡岩石的缝隙、土洞或树洞中，雏鸟晚成型。

国家Ⅱ级重点保护鸟类。玉带河湿地公园内为留鸟，栖息于玉带河沿岸山地森林，常到河边滩涂、灌丛、农田中觅食，数量较少，少见种。

红脚隼

Amur Falcon *Falco amurensis*

隼形目　隼科

体小的灰色隼，体长250～300 mm，雌雄异型。喙灰色，蜡膜褐色，虹膜褐色，脚红色。雄鸟：头及上体深烟灰色，下体石板灰色，尾下覆羽灰色，腿、腹部及臀棕色，飞行时白色的翼下覆羽为本种显著识别特征；雌鸟：上体深烟灰色，具鳞状横纹，额白，头顶灰色而脸颊白色，具深灰色髭纹，颏、喉白色，背及尾灰，尾具黑色横斑；下体乳白，胸具醒目的黑色纵纹，腹部具黑色横斑；翼下覆羽白色并具黑色点斑及横斑。亚成鸟似雌鸟但下体斑纹为棕褐色而非黑色。猛禽，栖息于低山树林、林缘、山麓平原或丘陵地区的沼泽、草地、河流、农田等开阔地带。行动敏捷，迁徙时结成大群多至数百只，常与其他隼类混群。喜立于电线上。肉食性，主食昆虫和啮齿类动物，也食小鸟和两栖爬行动物。在中国见于东北、华北、华中、华东、东南、华南和西南的大多数省份。营巢于疏林中高大乔木的顶端，雏鸟晚成型。

国家Ⅱ级重点保护鸟类。玉带河湿地公园内为旅鸟，栖息于玉带河沿岸疏林带，在河边滩涂、灌丛、农田中觅食，数量较少，少见种。

雄鸟

雌鸟

燕　隼

Eurasian Hobby *Falco subbuteo*

隼形目　隼科

体小黑白色隼，体长290～350 mm，雌雄同型。喙灰色，蜡膜黄色，上体深蓝灰色，眼周黄色，虹膜褐色，头顶、眼后黑色且延伸到枕后与深色上体连接，具白色眉纹，眼下具一垂直向下的粗黑色髭纹，两翼深灰黑色或黑色；下体棕褐色，颈侧、喉、胸腹白色具黑色纵纹，下腹至尾下覆羽栗红色，脚黄色。雌鸟似雄鸟但偏褐色，下腹至尾下覆羽黑色细纹较多。猛禽，栖息于海拔2000 m以下的山地林缘、有疏林和灌木的开阔生境。行动敏捷，于飞行中捕捉昆虫及鸟类。肉食性，主食小鸟，也食昆虫。在中国见于除沙漠腹地和青藏高原以外的所有地区。营巢于疏林、林缘或田间高大乔木上，有时侵占乌鸦和喜鹊的巢，雏鸟晚成型。

国家Ⅱ级重点保护鸟类。玉带河湿地公园内为留鸟，栖息于玉带河沿岸疏林和山地林缘，在河边滩涂、灌丛、农田中觅食，数量较少，少见种。

雀形目
PASSERIFORMES

黑枕黄鹂
Black-naped Oriole *Oriolus chinensis*

雀形目　黄鹂科

中等体型的黄色及黑色鹂，体长230～270mm，雌雄异型。喙较粗粉红色，虹膜红色，黑色过眼纹粗著延至颈背，形成显著的枕环纹，飞羽及尾羽多为黑色，脚近黑。雄鸟：体羽余部嫩黄色，枕环纹较宽；雌鸟：色较暗淡，眼先灰褐色，过眼纹较雄鸟浅淡，背橄榄黄色。亚成鸟：无过眼纹，上体黄绿色，下体近白而具黑色纵纹，仅胸部稍沾黄色。鸣禽，栖息于海拔1600m以下的低山丘陵和山脚平原地带的天然次生阔叶林、混交林、疏林地、园林、村寨及红树林。常留在高大乔木树冠层活动，但有时下至低处捕食昆虫。飞行呈波状，振翼幅度大，缓慢而有力。常单独或成对活动，或以家族为群活动。杂食性，主食鞘翅目、鳞翅目、蝗虫、蟋蟀、螳螂等昆虫，也食少量植物果实与种子。在中国繁殖于东北、华北、华中至西南以东区域，留鸟种群见于云南南部、海南和台湾。营巢于阔叶林内的高大乔木上，雏鸟晚成型。

玉带河湿地公园内为夏候鸟，栖息于玉带河沿岸山地次生阔叶林或河岸树林地，数量较少，少见种。

雄鸟　　雌鸟

小灰山椒鸟

Swinhoe's Minivet *Pericrocotus cantonensis*

雀形目　山椒鸟科

体小的黑、灰及白色山椒鸟，体长180~200mm，雌雄同型。喙黑色，虹膜褐色，前额明显白色。头和上体灰褐色，颈背灰色较浓，翅灰黑色，通常具醒目的白色翼斑。下体灰白色，腰及尾上覆羽灰色染浅皮黄色，脚黑色。雌鸟似雄鸟，但褐色较浓，有时无白色翼斑。鸣禽，栖息于海拔2000m以下的次生阔叶林、混交林、针叶林、农田和灌木丛中。常集群活动于高大乔木中、上层，冬季易集大群。杂食性，主食昆虫，也食果实、草籽、谷粒等植物性食物。在中国繁殖于华中、华东及华南，包括海南，迷鸟见于台湾，于东南亚越冬。营巢于松木或其他高大乔木上，雏鸟晚成型。

玉带河湿地公园内为夏候鸟，栖息于玉带河沿岸山地次生阔叶林、松树林、河岸疏林地或灌木丛，数量较多，常见种。

灰喉山椒鸟

Grey-chinned Minivet *Pericrocotus solaris*

雀形目　山椒鸟科

体小的红或黄色山椒鸟，体长170～195mm，雌雄异型。喙黑色，虹膜深褐，脚黑色。雄鸟：头顶至上背黑色且具蓝色光泽，下背、腰及尾上覆羽鲜红或赤红色，翅与尾黑色具红色翼斑；眼先黑色，颊、耳羽、头侧、颈侧及喉部灰色，其余下体鲜红色。雌鸟：头顶至上背石板灰色，下背至尾上覆羽黄色，翅和尾黑色具黄色翼斑；眼先灰黑色，颊、耳羽、头侧、颈侧及喉部浅灰色或灰白色，其余下体鲜黄色。鸣禽，栖息于海拔2000m以下的山地森林和低山丘陵地带的杂木林或灌木丛中。常集群活动，繁殖季节常成对活动。杂食性，主食昆虫，也食少量植物性食物。在中国分布于长江以南，包括海南和台湾。营巢于常绿阔叶林，巢多置于侧枝或小枝杈间，雏鸟晚成型。

玉带河湿地公园内为留鸟，栖息于玉带河沿岸山地阔叶林、针叶林及河边或农田边的灌木丛，数量较多，常见种。

雌鸟

黑卷尾

Black Drongo *Dicrurus macrocercus*

雀形目 卷尾科

中等体型的蓝黑色而具辉光的卷尾，体长235~300mm，雌雄同型。喙小黑色，虹膜红色。通体辉黑色，并具蓝绿色光泽，尾长呈叉状，最外侧1对尾羽末端稍向外弯曲，在风中常上举成一奇特角度，脚黑色。亚成鸟下体下部具近白色横纹。鸣禽，栖息于海拔1600m以下的山地森林和低山丘陵地带的乔木林、毛竹林、高草地或农田中。常成对或集小群活动，常立在芒草、稻穗、小树或电线上伺机飞捕空中飞虫。食虫类，主食甲虫、蜻蜓、蝉、蚂蚁、蜂、瓢虫、蝼蛄、虻、鳞翅目等昆虫。在中国繁殖于北起黑龙江、西至西藏东南部一线以东地区，留鸟见于云南南部、两广、香港、台湾和海南。营巢于阔叶树上，雏鸟晚成型。

玉带河湿地公园内为夏候鸟，栖息于玉带河沿岸山地森林或河岸乔木林、毛竹林、灌木丛或水田，数量丰富，优势种。

发冠卷尾

Hair-crested Drongo *Dicrurus hottentottus*

雀形目　卷尾科

体型略大的黑天鹅绒色卷尾，体长280～340mm，雌雄同型。喙黑色且厚重，虹膜红色。通体辉黑色，缀有蓝绿色金属光泽，头具10多根发状细长羽冠，延伸达肩部；上体体羽具斑点闪烁。尾长而分叉，外侧羽端钝而上方卷曲形似竖琴，脚黑色。鸣禽，栖息于低山丘陵及沟谷两侧常绿阔叶林、松林地，喜较干燥的森林开阔处，有时（尤其晨昏）聚集一起鸣唱并在空中捕捉昆虫，甚吵嚷。从低栖处捕食昆虫。食虫类，主食金龟甲、金华虫、蝗虫、竹节虫、椿象、蜻蜓、蝉、蚂蚁、蜂、瓢虫等昆虫。在中国分布于华北、华中、华南和西南各省，迁徙季节见于台湾。营巢于高大乔木顶端枝杈上，有繁殖后拆巢行为，雏鸟晚成型。

玉带河湿地公园内为夏候鸟，栖息于玉带河沿岸山地常绿阔叶林，在河岸沿岸疏林地、毛竹林、灌木丛觅食，数量较多，常见种。

寿　带

Amur Paradise-Flycatcher *Terpsiphone incei*

雀形目　王鹟科

雄鸟

中等体型，体长170～490mm，雌雄异型。头蓝黑色具金属光泽，冠羽显著，喙蓝色，喙端黑色，虹膜褐色，眼周裸露皮肤蓝色；脚蓝黑色。雄鸟易辨，上体羽色有栗红色和白色两种色型；胸蓝灰色或灰白色，腹部灰白色，尾下覆羽淡黄色或白色，一对中央尾羽特别长，可达25cm，在尾后呈飘带状；雌鸟与栗红色雄鸟羽色相似，但羽冠较短，中央尾羽不延长。鸣禽，栖息于近水源的低山、丘陵、山脚平原地带的阔叶林缘或竹林地。通常从森林较低层的栖处捕食，常与其他鸟类混群。食虫类，主食鳞翅目、双翅目、同翅目等昆虫。在中国分布于东北南部至云南西部一线以东地区，迁徙季节见于华南、华东、海南和台湾。营巢于临水阔叶树的枝杈或竹林上，雏鸟晚成型。

玉带河湿地公园内为夏候鸟，栖息于玉带河沿岸阔叶林、疏林地或毛竹林，数量较少，少见种。

虎纹伯劳

Tiger Shrike *Lanius tigrinus*

雀形目　伯劳科

中等体型背部棕色的伯劳，体长160～190mm，雌雄异型。蓝色喙粗厚强健，喙端黑色具钩，虹膜褐色，头顶至后颈灰色，背、两翼及尾浓栗色或淡栗色，多具黑色横斑，下体白色，脚灰色。雄鸟：过眼线宽且黑；两胁沾蓝灰并具褐色横斑。雌鸟似雄鸟但眼先及眉纹色浅，背部栗棕色体羽较淡。鸣禽，栖息于低山、丘陵和山脚平原地区的森林和林缘地带，不甚显眼，多藏身于林中。多单独或成对活动，通常在林缘突出树枝上捕食昆虫。肉食性，主食昆虫，也食蜥蜴、小鸟。在中国广泛繁殖于东北、华北、华中、华东、华南及西南广大地区，越冬于西南和华南地区，迁徙季节可见于台湾。营巢于幼树或灌木上，雏鸟晚成型。

玉带河湿地公园内为夏候鸟，栖息于玉带河沿岸山地森林、疏林地或灌木丛，数量较少，少见种。

红尾伯劳

Brown Shrike *Lanius cristatus*

雀形目 伯劳科

中等体型的淡褐色伯劳，体长180~210mm，雌雄同型。成鸟：上体棕褐色或灰褐色，喙黑色，额与头顶灰色，眉纹白色，虹膜褐色，黑色贯眼纹粗著，两翅黑褐色，尾羽棕色；下体皮黄色或棕白色，颏、喉白色，脚灰黑色。亚成鸟：似成鸟但背及体侧具深褐色细小的鳞状斑纹。鸣禽，栖息于海拔1500m以下的低山、丘陵和山脚平原地区的森林、灌丛、农田地带。常单独栖于灌丛、电线及小树上，捕食飞行中的昆虫或猛扑地面上的昆虫和小动物。肉食性，主食昆虫等动物性食物，也食少量草籽。在中国广泛繁殖于东北、华北、华中、华东、华南及西南广大地区，越冬于西南和华南地区，包括海南和台湾。营巢于低地杂木林或林缘灌丛上，雏鸟晚成型。

玉带河湿地公园内为留鸟，栖息于玉带河沿岸山地森林、疏林地、灌木丛或农田，数量较多，常见种。

棕背伯劳

Long-tailed Shrike *Lanius schach*

雀形目　伯劳科

体型略大而尾长的棕、黑及白色伯劳，体长220~290mm，雌雄同型。成鸟：喙黑色具钩，虹膜褐色，额、贯眼纹、两翼及尾黑色，两翅具白色翼斑；头顶至上背灰色或灰黑色，下背、腰、两胁及尾下覆羽棕红色，颏、喉、胸及腹中心部位白色，脚黑色。亚成鸟：色较暗，黑额不明显，贯眼纹黑褐色，两胁及背具褐色横斑。鸣禽，栖息于海拔1600m以下的低山、丘陵和山脚平原地区的森林、灌丛、农田地带。常单独或成对活动，立于低树枝，猛然飞出捕食飞行中的昆虫，常猛扑地面的蝗虫及甲壳虫。肉食性，主食昆虫，也食两栖类、爬行类、小鸟等。在中国见于黄河流域以南各省，包括海南和台湾，深色型的“暗黑色伯劳”在香港及广东并不罕见，也偶见于分布区内其他地点。营巢于树上或高大灌木上，雏鸟晚成型。

玉带河湿地公园内为留鸟，栖息于玉带河沿岸山地各种林型、灌木丛、农田或村寨，数量丰富，优势种。

灰背伯劳

Grey-backed Shrike *Lanius tephronotus*

雀形目 伯劳科

体型略大而尾长的伯劳，体长200～255mm，雌雄异型。黑色喙强健具钩，虹膜褐色。雄鸟：黑色贯眼纹粗著，头顶至背暗灰色，两翼及尾黑褐色，腰及尾上覆羽橙棕色；颏、喉白色，胸及腹中央白色，胸侧、两胁及尾下覆羽棕色，脚黑色。雌鸟：与雄鸟相似，但贯眼纹不完整，仅限于眼后；头、颈、胁部具鳞纹。鸣禽，栖息于海拔4500m以下的山地森林林缘、灌丛、开阔地及农田地带。习性及叫声均似棕背伯劳，不惧人。肉食性，主食昆虫，也食小鸟和啮齿类动物。在中国见于西北、华中、西南地区。营巢于阔叶树或灌木上，雏鸟晚成型。

玉带河湿地公园内为夏候鸟，栖息于玉带河沿岸阔叶林林缘、灌木丛、农田或村寨，数量稀少，稀有种。

松　鸦

Eurasian Jay *Garrulus glandarius*

雀形目　鸦科

体小的偏粉色鸦，体长295～355mm，雌雄同型。喙强直灰色，虹膜浅褐，髭纹黑色；体羽鲜丽，大部为葡萄棕色，翼和尾黑色，翼上具蓝、白、黑三色镶嵌的圆形斑块为本种典型特征，飞行时两翼显得宽圆，腰白，脚肉棕色。飞行沉重，振翼无规律。鸣禽，栖息于针叶林、针阔混交林和阔叶林。性喧闹，喜落叶林地及森林，多在树上活动，多成对活动，冬季易集成小群活动。杂食性，主食鳞翅目、鞘翅目等森林昆虫，也食蜘蛛、鸟卵、雏鸟和植物果实与种子。在中国分布于除青藏高原、新疆盆地和内蒙古草原以外的区域，但不见于海南。营巢于针叶林和针阔混交林中，雏鸟晚成型。

玉带河湿地公园内为留鸟，栖息于玉带河沿岸山地针叶林和针阔混交林中，数量较多，常见种。

红嘴蓝鹊

Red-billed Blue Magpie *Urocissa erythroryncha*

雀形目 鸦科

体长且具长尾的亮丽蓝鹊，体长425～650mm，雌雄同型。喙红色，虹膜红色，鼻孔位于嘴基，并有软羽和硬毛覆盖，头至胸黑色，头顶至后颈白色，上体余部体羽紫蓝色，飞羽具白色次端斑，尾长呈楔形，紫色尾羽具白色次端斑，外侧尾羽还具黑色次端斑；下体余部体羽白色，脚红色。鸣禽，栖息于山区常绿阔叶林、针叶林、针阔混交林、次生林、毛竹林及林缘灌丛，也出现于山地农田与村寨。性喧闹，结小群活动。常在地面取食。具主动围攻猛禽的习性。杂食性，主食各类昆虫，也食蜘蛛、蛙、蜥蜴、蛇和植物果实与种子。在中国分布于华北至西南以南的区域，逃逸种群见于台湾。营巢于树木侧枝上和毛竹林中，雏鸟晚成型。

玉带河湿地公园内为留鸟，栖息于玉带河沿岸山地森林林缘及河岸灌丛、农田和村寨，数量丰富，优势种。

灰树鹊

Grey Treepie *Dendrocitta formosae*

雀形目　鸦科

体型略大的褐灰色树鹊，体长310~390mm，雌雄同型。喙黑色，具坚硬的鼻羽，覆盖鼻孔；虹膜红褐色，额、眼先、眼周、眼后及喙基黑色；头顶至后颈灰色；上体余部棕褐色，两翼及尾黑色，初级飞羽基部具白色斑块形成翼斑，下背、腰及尾上覆羽灰白色；头侧余部、颏及喉烟褐色，至腹部烟灰色，尾下覆羽棕褐色，脚深灰色。鸣禽，栖息于海拔2400m以下山区针叶林、针阔混交林和阔叶林等高大乔木林，完全树栖。性怯懦而吵嚷，于地面或树叶间捕食，常在树冠的中上层穿行跳跃。有时吵闹成群或与其他种类混群活动。杂食性，主食各类昆虫，也食植物果实与种子。在中国分布于长江流域及以南地区，包括海南和台湾。营巢于树上和灌木上，雏鸟晚成型。

玉带河湿地公园内为留鸟，栖息于玉带河沿岸山地针叶林、针阔混交林和阔叶林及林缘灌木丛，数量较多，常见种。

喜 鹊

Common Magpie *Pica pica*

雀形目 鸦科

体略小的鹊，体长380～500mm，雌雄同型。喙黑色，虹膜褐色，两肩各具一狭长白斑，腹部白色，体羽余部黑色，两翼及尾黑色并具蓝绿色辉光，尾呈楔形，脚黑色。鸣禽，栖息于低山、丘陵、平原地区的林缘、农田、村寨及城市公园。结小群活动，适应性强，中国北方的农田或摩天大厦均可为家。多从地面取食，几乎什么都吃。杂食性，主食各类昆虫，也食蛙、螺类及植物果实、种子和谷物。在中国分布于除青藏高原以外的地区，包括海南和台湾。营巢于高大乔木上，巢为胡乱堆搭的拱圆形树棍，经年不变，雏鸟晚成型。

玉带河湿地公园内为留鸟，栖息于玉带河沿岸高大乔木林、村寨风水林及农田，数量较多，常见种。

白颈鸦

Collared Crow *Corvus pectoralis*

雀形目　鸦科

体大的亮黑及白色鸦，体长420～540mm，雌雄同型。黑色喙粗厚且尖长，鼻孔靠前在喙的1/3处被硬须覆盖，虹膜深褐色；体羽大部为黑色，仅颈背及胸带强反差的白色为本种显著识别特征；脚黑色。鸣禽，栖息于低山、丘陵、平原地区的林缘、疏林地、农田、河滩、城镇及村庄。常结小群活动，有时与大嘴乌鸦混群出现。杂食性，主食各类昆虫，也食蛙、螺类、鸟卵、雏鸟、动物尸体及植物果实和种子。在中国分布区北至华北中部，东至渤海湾以南的整个海岸线，南至四川中部、贵州和云南东部，迷鸟至台湾。营巢于村寨附近的高大乔木上，雏鸟晚成型。

玉带河湿地公园内为留鸟，栖息于玉带河沿岸高大乔木林、村寨风水林，常到河滩及农田觅食，数量较多，常见种。

大嘴乌鸦

Large-billed Crow *Corvus macrorhynchos*

雀形目　鸦科

体大的闪光黑色鸦，体长420～560mm，雌雄同型。黑色喙甚粗厚，嘴峰弯曲，鼻孔靠前在喙的1/3处被硬须覆盖，虹膜褐色；通体黑色具紫绿色金属光泽，额较陡突呈拱圆形，后颈羽毛柔软松散如发状；尾长呈楔形，脚黑色。鸣禽，栖息于山区或近村庄的树丛中。性机警，常结群活动在田野、屋檐、沙滩等地，常翻开地面取食土中动物。杂食性，主食各类昆虫，也食蜗牛、蛙、鸟卵、雏鸟、鼠类、动物尸体、垃圾及植物果实和种子。在中国除新疆和内蒙古西北部以及青藏高原外的大部分地区，包括海南和台湾。营巢于高大乔木顶部枝杈上，雏鸟晚成型。

玉带河湿地公园内为留鸟，栖息于玉带河沿岸高大乔木林、村寨风水林，常到河滩及农田觅食，数量较多，常见种。

方尾鹟

Grey-headed Canary Flycatcher *Culicicapa ceylonensis*

雀形目　玉鹟科

体小而独具特色的鹟，体长100～130mm，雌雄同型。喙宽扁，上嘴黑色，下嘴角质色，嘴须长而多，几达喙端，虹膜褐色；头顶至后颈暗灰色，略具冠羽；上体橄榄绿色，喉胸灰色，下体余部黄色，脚黄褐色。鸣禽，栖息于海拔2000m以下山区阔叶林、混交林、竹林和林缘疏林灌丛中。喧闹活跃，在树枝间跳跃，不停捕食及追逐过往昆虫，常将尾扇开。食虫类，主食甲虫、双翅目昆虫及金龟子等昆虫。在中国见于华中和西南地区，越冬于华南，迁徙季节见于华东，迷鸟见于天津、河北和台湾。营巢于岩石洞穴上，雏鸟晚成型。

玉带河湿地公园内为夏候鸟，栖息于玉带河沿岸阔叶林及针阔混交林，偶尔见于河岸疏林及竹林，数量较少，少见种。

黄腹山雀

Yellow-bellied Tit *Pardaliparus venustulus*

雀形目　山雀科

体小而尾短的山雀，体长83～110mm，雌雄异型。喙甚短灰蓝色，虹膜褐色，脚铅灰色；头和上胸黑色或灰黑色，颊和后颈白色或灰白色；下体黄色，翼上具两排白色点斑。雄鸟：头至上胸黑色浓重，上体暗蓝灰，腰银白色。雌鸟：头部灰色较重，眼后具一短的灰白色眉纹，喉白，上体灰绿色。鸣禽，栖息于海拔3000m以下山区林地和林缘疏林灌丛中。常集群活动。食虫类，主食直翅目、鳞翅目、半翅目、鞘翅目等昆虫，也食植物果实和种子。中国鸟类特有种，分布于华北及中东部的大部分地区。营巢于天然树洞或土洞中，雏鸟晚成型。

玉带河湿地公园内为留鸟，栖息于玉带河沿岸林地及灌丛，数量丰富，优势种。

大山雀

Cinereous Tit *Parus cinereus*

雀形目　山雀科

体大而结实的黑、灰及白色山雀，体长116～153mm，雌雄同型。黑色喙短而强，虹膜褐色；头及喉辉黑，与脸侧及颈背白色块斑成强对比；上体蓝灰或背沾绿色，翼上具一道醒目的白色条纹；下体灰白色，一道黑色带自胸中央贯穿腹部，雄鸟胸带较宽，幼鸟胸带减为胸兜。鸣禽，栖息于山地森林至山麓阔叶林、针叶林、针阔混交林及灌丛，有时也进入苗圃、果园、农田及村寨。性活跃，成对或成小群活动，多技能，时在树顶时在地面。食虫类，主食昆虫及其幼虫，也食蜗牛、蜘蛛及少量植物果实和种子。在中国分布于新疆北部至青藏高原及以东地区，包括海南和台湾。营巢于天然树洞中，雏鸟晚成型。

玉带河湿地公园内为留鸟，栖息于玉带河沿岸林地、灌丛、农田及村寨，数量丰富，优势种。

小云雀

Oriental Skylark *Alauda gulgula*

雀形目　百灵科

体小的褐色斑驳而似鹨的鸟，体长130～170mm，雌雄同型。喙角质色，虹膜褐色；上体沙褐色或棕褐色，密布显著的黑色纵纹，头顶具一短冠羽，受惊时便竖起可见，颈部和颈侧条纹细小，眉纹及颊部棕色，耳覆羽棕色较浓，飞羽黑褐色具棕褐色外翈缘，尾羽黑褐色，但次外侧尾羽外翈白色，最外侧尾羽白色；下体棕白色，胸部棕色较浓，且密布近黑色羽干纹或点斑，脚肉黄色，爪肉红色。鸣禽，栖息于平原、草地、荒地、河滩、草丛以及沿海平原地区。喜长有短草的开阔地，多集群在地面活动，作觅食和嬉戏追逐活动，未见其栖于树枝上。杂食性，主食草籽、谷粒等植物性食物，也食昆虫。在中国分布于中南部的广大地区。营巢于地面地处的草丛中或树根旁草坑，雏鸟晚成型。

玉带河湿地公园内为留鸟，栖息于玉带河沿岸河滩草地及农田中，数量较多，常见种。

黄腹山鹪莺

Yellow-bellied Prinia *Prinia flaviventris*

雀形目　扇尾莺科

体型略大而尾长的橄榄绿色鹪莺，体长约130mm，雌雄同型。上嘴黑色至褐色，下嘴浅色，虹膜浅褐，头顶深灰色，颊部灰白色；上体橄榄绿色，楔形尾甚长；颏、喉及胸白色，以下胸及腹部黄色为本种显著性识别特征，脚橘黄色。鸣禽，栖息于低山、丘陵及山麓平原灌丛、高草地、沼泽及芦苇丛。甚惧生，藏匿于高草或芦苇中，仅在鸣叫时栖于高杆。杂食性，主食昆虫及幼虫，也食杂草种子。在中国分布于云南、华南、东南，包括海南和台湾。营巢于高草丛中，雏鸟晚成型。

湖南省鸟类新纪录种，玉带河湿地公园内为留鸟，栖息于玉带河沿岸河滩高草丛及农田中，数量较少，少见种。

纯色山鹪莺

Plain Prinia *Prinia inornata*

雀形目 扇尾莺科

体型略大而尾长的偏棕色鹪莺，体长110～150mm，雌雄同型。上嘴黑褐色，下嘴浅黄色，虹膜黄褐色，眉纹白色，耳羽淡黄褐色；夏羽：上体暗灰褐，前额略带棕色，具暗色细条纹，背、腰橄榄褐色，尾上覆羽棕褐色，楔形尾；下体淡皮黄色，胸部显著，两胁浅棕色，脚及爪肉红色。冬羽：体羽较暗，上体棕褐色，黑褐色纵纹明显，下体淡棕色，尾较长。鸣禽，栖息于低山、丘陵及山麓平原地带的农田、果园、村寨附近的灌丛、高草地及水草丛。胆大而不甚惧人的鸟，常结小群活动，于树上、草茎间或在飞行时鸣叫。杂食性，主食直翅目、半翅目、鳞翅目、鞘翅目、膜翅目昆虫及幼虫，也食杂草种子。在中国分布于西南、华中、华东及华南，包括海南和台湾。营巢于高草丛中，雏鸟晚成型。

玉带河湿地公园内为留鸟，栖息于玉带河沿岸河滩高草丛及农田中，数量丰富，优势种。

东方大苇莺

Oriental Reed Warbler *Acrocephalus stentoreus*

雀形目　苇莺科

体型略大的褐色苇莺，体长160～198 mm，雌雄同型。上喙黑褐色，下喙黄白色，嘴须发达，虹膜褐色，眉纹淡黄色，眼先黑色，贯眼纹黑褐色，头侧淡棕色，额至枕部橄榄褐色；上体橄榄棕褐色，飞羽暗褐色，具细窄的淡棕色羽缘，尾羽淡褐色，具细窄的淡棕色羽缘，圆尾；颏、喉及胸部污白色，胸部具不显著的灰褐色纵纹，腹中央乳白色，尾下覆羽棕白色，脚灰色。鸣禽，栖息于水域岸边芦苇丛、灌丛、高草丛及稻田。性机警隐匿，繁殖期常高高站立于芦苇或矮树枝顶端。食虫类，主食昆虫及幼虫，也食少量无脊椎动物及水生植物种子及嫩芽。在中国广泛分布于东部、中部和北部地区，迁徙途经华南、海南和台湾。营巢于水边芦苇丛、灌木丛或小柳树丛中，雏鸟晚成型。

玉带河湿地公园内为夏候鸟，栖息于玉带河沿岸河滩挺水植物、矮灌丛、高草丛及农田中，数量较少，少见种。

黑眉苇莺

Black-browed Reed Warbler *Acrocephalus bistrigiceps*

雀形目　苇莺科

中等体型的褐色苇莺，体长110～135 mm，雌雄同型。喙纤细，上喙黑褐色，下喙黄白色，仅具嘴须，眉纹粗著淡黄色，贯眼纹黑色，颊及耳羽赭褐色，头顶两侧各具一条粗著的黑褐色纵纹，自喙基至枕部，为本种显著识别特征；上体橄榄棕褐色，飞羽及覆羽黑褐色具淡棕色或橄榄褐色羽缘，尾羽黑褐色，羽缘色淡；颏、喉及腹中央白色，胸及两胁染淡棕褐色，脚暗褐色。鸣禽，栖息于低山、丘陵及山麓平原地带的水域岸边的灌丛及高草丛。性机警隐匿，常单独或成对活动。食虫类，主食昆虫及幼虫。在中国分布于东北、华北、华中、华东及东南，部分在华南越冬。营巢于灌丛或芦苇丛中，雏鸟晚成型。

玉带河湿地公园内为冬候鸟，栖息于玉带河沿岸灌丛及高草丛中，数量较少，少见种。

家 燕

Barn Swallow *Hirundo rustica*

雀形目 燕科

中等体型的辉蓝色及白色的燕，体长134～197mm，雌雄同型。喙黑褐色，虹膜暗褐色；上体蓝黑色具金属光泽，飞羽及尾羽黑褐色，具蓝绿光泽，尾呈深叉状，外侧尾羽特长；额、颏、喉及前胸深栗色，后胸具不完整的黑褐色胸带，腹以下乳白色，脚黑色。鸣禽，栖息于人居环境。在高空滑翔及盘旋，或低飞于地面或水面捕捉小昆虫。常停栖于枯树枝、屋檐、柱子及电线上。食虫类，主食蚊、蝇、蛾、蚁、蜂、象甲、叶蝉、金龟子、蜻蜓等昆虫。在中国分布遍于全国。营巢于人类房舍靠屋顶或屋檐内外墙壁或房梁上，雏鸟晚成型。

玉带河湿地公园内为夏候鸟，栖息于玉带河沿岸村寨，觅食于林地、河流、池塘、河滩及农田中，数量丰富，优势种。

金腰燕

Red-rumped Swalllow *Cecropis daurica*

雀形目　燕科

体大具黄色腰的燕，体长150～206mm，雌雄同型。喙黑褐色，虹膜暗褐色；上体蓝黑色，具金属光泽，腰具栗黄色横带，飞羽及尾羽黑褐色，具蓝色光泽，尾呈深叉状，外侧尾羽特长；下体棕白而具黑色细纹，脚黑色。鸣禽，栖息于低山、丘陵和平原地区的人居环境。习性似家燕。食虫类，主食蚊、蝇、虻、蚁、蜂、椿象、甲虫等昆虫。在中国分布于东北、西北东部、西南东部、华北、华中、华东及华南地区。营巢于人类房舍靠屋顶或屋檐内外墙壁或房梁上，雏鸟晚成型。

玉带河湿地公园内为夏候鸟，栖息于玉带河沿岸村寨，觅食于林地、河流、池塘、河滩及农田中，数量丰富，优势种。

领雀嘴鹎

Collared Finchbill *Spizixos semitorques*

雀形目　鹎科

体大的偏绿色鹎，体长170～230mm，雌雄同型。象牙黄色喙粗厚似鹦鹉的嘴，喙基周围近白，虹膜褐色，头黑色微具短羽冠，脸颊具白色细纹；上体暗橄榄绿色，翼上覆羽与背羽同色，飞羽暗褐具黄绿缘，尾羽与上体同色，尾端具黑色横带；下体橄榄黄色，喉褐黑色，围以半环形白领，颈背灰色，脚偏粉色。鸣禽，栖息于低山、丘陵和山脚平原各种林型、林缘灌丛及农田。常结小群活动，飞行中捕捉昆虫。杂食性，主食植物性食物，也食昆虫及幼虫。在中国分布北至秦岭以南，西至云南、四川、贵州，东至东部沿海各省。营巢于溪边或路边小树侧枝上，雏鸟晚成型。

玉带河湿地公园内为留鸟，栖息于玉带河沿岸林地及河边灌丛和农田，数量丰富，优势种。

黄臀鹎

Brown-breasted Bulbul *Pycnonotus xanthorrhous*

雀形目　鹎科

中等体型的灰褐色鹎，体长170～217mm，雌雄同型。喙黑色，嘴峰稍曲，端部下曲，具近端缺刻，嘴须多，鼻孔裸露，虹膜褐色，头顶及颈背黑色，头具一矮的冠羽，耳羽棕褐色；上体棕褐色或土褐色，飞羽与尾羽黑褐色，尾端无白色，尾呈方形；下体灰白色，颏、喉白色，胸带灰褐色，尾下覆羽黄色浓重，脚黑色。鸣禽，栖息于中、低山区的阔叶、落叶混交林，沟谷、林缘、疏林地的灌丛及农田。典型的群栖型鹎鸟，常作季节性垂直迁徙。杂食性，主食植物性食物，也食昆虫及幼虫。在中国分布于西南、华中、东南各省，北至甘肃南部。营巢于灌木丛、竹丛或矮树上，雏鸟晚成型。

玉带河湿地公园内为留鸟，栖息于玉带河沿岸林地及河边灌丛和农田，数量较多，常见种。

白头鹎

Light-vented Bulbul *Pycnonotus sinensis*

雀形目　鹎科

中等体型的橄榄色鹎，体长160～220mm，雌雄同型。喙黑色，嘴峰稍曲，端部下曲，具近端缺刻，鼻孔裸露，具瓣膜和嘴须，额至头顶黑色，虹膜褐色，眼至后枕白色，耳羽后端具一小白斑，髭纹黑色；上体灰褐或橄榄灰色具黄绿色羽缘，飞羽、翼上覆羽和尾羽黑褐色具橄榄绿色羽缘，尾呈方形；颏、喉部白色，胸灰褐色，腹白色具浅黄绿色纵纹，尾下覆羽白色略沾杂黄，脚黑色。幼鸟头灰褐色，后枕无显著性白斑，胸具灰色横纹。鸣禽，栖息于低山、丘陵及山脚平原区的各种林地、竹林、灌丛及农田。性活泼，结群于树上活动，有时从栖处飞行捕食。杂食性，既食植物性食物，也食动物性食物。在中国分布于中东部至云南、四川、贵州及海南，有少量种群出现向北扩散至华北和辽宁南部地区。营巢于阔叶树、针叶树幼树及灌木和竹丛，雏鸟晚成型。

玉带河湿地公园内为留鸟，栖息于玉带河沿岸林地及河边灌丛和农田，数量丰富，优势种。

亚成体

成鸟

绿翅短脚鹎

Mountain Bulbul *Ixos mcclellandii*

雀形目　鹎科

体大而喜喧闹的橄榄色鹎，体长195~260mm，雌雄同型。黑色喙细长，虹膜褐色，头顶栗褐色羽毛狭长且尖细，耳羽、颈侧、后颈红棕色；背、腰至尾上覆羽灰褐色，飞羽与尾羽橄榄绿色；颏、喉灰色杂以白色羽干纹，胸和两胁棕褐色，胸具浅色纵纹，腹至尾下覆羽淡棕色。鸣禽，栖息于海拔2700m以下的各种林地及林缘灌丛。常见的群栖型或成对活动的鸟，有时结成大群。杂食性，主食植物果实与种子，也食鞘翅目、双翅目、膜翅目昆虫及幼虫。在中国分布于华中、东南、华南、西南地区，包括海南。营巢于乔木树侧枝上或林下灌木和小树上，雏鸟晚成型。

玉带河湿地公园内为留鸟，栖息于玉带河沿岸林地及河边灌丛，数量丰富，优势种。

栗背短脚鹎

Chestnut Bulbul *Hemixos castanonotus*

雀形目　鹎科

体型略大而外观漂亮的鹎，体长180～255mm，雌雄同型。喙黑色，嘴峰稍曲，端部下曲，具近端缺刻，鼻孔裸露，瓣膜位于上喙中部，嘴须多；头顶黑色而略具羽冠，额、眼先、耳羽、颈侧、后颈至腰部栗色，飞羽与尾羽暗褐色，并具白色和灰色羽缘，尾上覆羽暗褐色；颏、喉白色，其余下体灰白色，脚黑褐色。鸣禽，栖息于低山、丘陵地区的阔叶林、针叶林、混交林及林缘灌丛中。常结成活跃小群在高大乔木上觅食。杂食性，主食植物果实与种子，也食鞘翅目、鳞翅目、膜翅目昆虫及幼虫。在中国分布于华中、东南、华南地区，包括海南。营巢于灌木和小树侧枝上，雏鸟晚成型。

玉带河湿地公园内为留鸟，栖息于玉带河沿岸林地及河边灌丛，数量丰富，优势种。

褐柳莺

Dusky Warbler *Phylloscopus fuscatus*

雀形目　柳莺科

中等体型的单一褐色柳莺，体长110~125mm，雌雄同型。上喙色深，下喙偏黄，虹膜褐色，额、头顶至枕暗橄榄褐色，颊和耳羽淡棕褐色；上体橄榄褐色较浓，飞羽与尾羽黑褐色，外翈缘灰褐色，两翼短圆，尾羽暗褐色，尾圆而略凹；下体乳白，胸及两胁沾黄褐，脚褐色。鸣禽，栖息于海拔4000m以下的阔叶林以及河流、溪沟沿岸的疏林地与低矮灌丛。性隐匿，偏好近水的灌丛，常翘尾并轻弹尾及两翼。食虫类，主食昆虫及幼虫，也食蜘蛛等。在中国繁殖于东北地区，在华中及华南地区越冬。营巢于林下、林缘或溪边灌木丛，雏鸟晚成型。

玉带河湿地公园内为冬候鸟，栖息于玉带河沿岸疏林地及灌丛，数量较少，少见种。

黄腰柳莺

Pallas's Leaf Warbler *Phylloscopus proregulus*

雀形目　柳莺科

体小的背部绿色的柳莺，体长80~110mm，雌雄同型。喙黑色，喙基橙黄，虹膜褐色，眉纹黄绿色；上体橄榄绿色，头顶中央有一淡黄色纵纹，腰黄白色，飞羽黑褐色，具两道黄绿色翼斑，中央尾羽黑褐色；下体灰白，臀及尾下覆羽沾浅黄色，脚粉红色。鸣禽，栖息于亚高山森林，夏季高可至海拔4200米的林线，越冬在低地林区及灌丛，也下至城市绿化带、公园及果园。性活泼，行动敏捷，常在树顶枝叶间跳跃。食虫类，主食昆虫、虫卵及幼虫。在中国繁殖于东北地区，迁徙见于大部分省份，在华中、华南及西南地区越冬。营巢于针叶树的侧枝上，雏鸟晚成型。

玉带河湿地公园内为冬候鸟，栖息于玉带河沿岸针叶林、针阔混交林及灌丛，数量较多，常见种。

黄眉柳莺

Yellow-browed Warbler *Phylloscopus inornatus*

雀形目 柳莺科

中等体型的鲜艳橄榄绿色柳莺，体长86~112mm，雌雄同型。上喙黑褐色，下喙基黄色，具显著的黄色眉纹，下行黑色细贯眼纹，颊和耳羽黄白色；上体橄榄绿色，飞羽和尾羽黑褐色，翼上具两道明显的白色翼斑，通常具两道明显的近白色翼斑，外侧尾羽和内翈白色；下体白色，两肋和尾下覆羽黄绿色，脚粉褐色。鸣禽，栖息于山地或平原针叶林与针阔混交林，也见于杨树、桦树林，柳树丛和林缘灌丛。性活泼，常结群且与其他小型食虫鸟类混合，栖于森林的中上层。食虫类，主食昆虫、虫卵及幼虫。在中国繁殖于东北地区，迁徙见于大部分省份，在华中、华东、华南及西南地区越冬。营巢于树上茂密的枝杈上，雏鸟晚成型。

玉带河湿地公园内为冬候鸟，栖息于玉带河沿岸针叶林、针阔混交林及灌丛，数量较多，常见种。

冠纹柳莺

Claudia's Leaf Warbler *Phylloscopus claudiae*

雀形目　柳莺科

中等体型而色彩亮丽的柳莺，体长95~118mm，雌雄同型。上喙黑褐色，下喙黄色，眉纹淡黄色，虹膜褐色，一条暗褐色贯眼纹自鼻孔穿过眼睛，向后延伸至枕部，头顶墨绿色，灰黄色中央冠纹在头顶和枕部最显著，颊和耳羽淡黄和暗褐色相杂；上体橄榄绿色，翅和尾羽黑褐色，具两道淡黄绿色翼斑，最外侧两对尾羽的内翈具白色狭缘；下体白色，微沾灰色，胸部稍缀以黄色条纹，下覆羽为沾黄的白色，跗跖和脚褐色。鸣禽，栖息于海拔3500m以下的森林和林缘灌丛地带，秋、冬季迁移到低山或山脚平原地带。除繁殖季节成对或单只活动外，常以小群活动于树冠层，或隐匿于林下灌草丛中，常两翼轮换振翅，有时似鸸倒悬于树枝下方取食。食虫类，主食昆虫、虫卵及幼虫。在中国主要分布于华北、华中、华南和西南地区。营巢于近林缘、林间旷地等阳光相对充足地段的原木或树上的洞中，雏鸟晚成型。

玉带河湿地公园内为留鸟，栖息于玉带河沿岸林地及灌丛，数量丰富，优势种。

黑眉柳莺

Sulphur-breasted Warbler *Phylloscopus ricketti*

雀形目　柳莺科

中等体型而色彩鲜艳的柳莺，体长90~110mm，雌雄同型。上喙褐色，下喙橙黄色，虹膜褐色，自上嘴基起，有宽阔的黄色眉纹延伸至头侧，贯眼纹褐色。头顶中央自额基至后颈有一条极为显著的淡黄绿色冠纹，两颊黄绿色，耳羽与颈侧黄绿色，侧冠纹黑色。上体羽鲜亮橄榄绿色，飞羽与尾羽暗褐色，翅上有两道不甚显著的淡黄色翼斑，中央尾羽淡褐色，最外侧2对尾羽内翈缘白色；下体亮黄色，两胁沾绿，腹部黄绿色，脚黄粉色，爪肉色。鸣禽，主要栖息于海拔2000m以下的山地阔叶林、针叶林、混交林、林缘灌丛和园圃。性机敏活泼，繁殖期间单独或成对活动外，其他时段多成小群活动，也常与其他雀鸟混群活动和觅食。食虫类，主食昆虫、虫卵及幼虫。在中国繁殖于甘肃、西南、华中、华南地区。营巢于林下或森林边土岸洞穴中，雏鸟晚成型。

玉带河湿地公园内为夏候鸟，栖息于玉带河沿岸林地及灌丛，数量较多，常见种。

棕脸鹟莺

Rufous-faced Warbler *Abroscopus albogularis*

雀形目　树莺科

体型略小色彩亮丽而有特色的莺，体长87~102mm，雌雄同型。喙橙红色，上喙色暗，下喙色浅，喙基宽扁，额须发达，虹膜褐色，头顶至后颈淡橄榄绿色，头侧栗棕色，黑色侧冠纹伸达后颈；上体橄榄绿色，腰黄白色，飞羽与尾羽黑褐色，外翈缘亮橄榄绿色；下体大部丝亮白色，颏及喉杂黑色点斑，上胸、胁部、尾下覆羽沾黄，脚角质褐色。鸣禽，主要栖息于中、低山阔叶林和竹林中。性机敏活泼，繁殖期间单独或成对活动外，其他时段多成群活动。食虫类，主食昆虫、虫卵及幼虫。在中国分布于华中、华东、华南及西南地区。营巢于竹林枯竹洞中，雏鸟晚成型。

玉带河湿地公园内为留鸟，栖息于玉带河沿岸阔叶林、毛竹林及灌丛，数量较多，常见种。

强脚树莺

Brownish-flanked Bush Warbler *Horornis fortipes*

雀形目　树莺科

体型略小的暗褐色树莺，体长100~130mm，雌雄同型。上喙深褐，下喙基色浅，虹膜褐色，具形长的皮黄色眉纹；上体橄榄褐色，飞羽和尾羽暗褐色；下体偏白，胸侧、腹侧暗黄褐色，脚淡褐色。鸣禽，栖息于中、低山常绿阔叶林、次生林及林缘灌丛中，也出没于农田、果园及村寨附近灌丛。常成对或单独活动，善跳跃，不善飞翔。食虫类，主食昆虫、虫卵及幼虫。在中国分布于西藏、西南、华中、东南及华南，包括台湾。营巢于灌木丛、矮竹丛及高草丛中，雏鸟晚成型。

玉带河湿地公园内为留鸟，栖息于玉带河沿岸阔叶林、竹林及灌丛，数量丰富，优势种。

红头长尾山雀

Black-throated Bushtit *Aegithalos concinnus*

雀形目　长尾山雀科

体小的活泼优雅山雀，体长92~116mm，雌雄同型。喙黑色，虹膜黄色，头顶至颈背栗红色，贯眼纹黑色且宽；下颊、颈侧、颏、喉和上胸白色，且喉部中央具一半月形黑斑；背至尾蓝灰色，飞羽和尾羽黑褐色，外翈缘蓝灰色；下体大部体羽白色，胸带和两胁栗红色，脚橘黄色。鸣禽，栖息于山地森林、疏林地及灌丛。常成小群活动，有合作繁殖行为，常在树林或灌丛中上层跳跃。食虫类，主食昆虫、虫卵及幼虫。在中国分布于西藏、西南、华中、东南及华南，包括台湾。营巢于乔木树侧枝上，雏鸟晚成型。

玉带河湿地公园内为留鸟，栖息于玉带河沿岸山地森林、河岸树林及灌丛，数量丰富，优势种。

棕头鸦雀

Vinous-throated Parrotbill *Sinosuthora webbiana*

雀形目　莺鹛科

体型纤小的粉褐色鸦雀，体长93~130mm，雌雄同型。喙粗短，灰色或褐色，喙端色较浅，虹膜褐色，额至后颈均为红棕色，颊、耳羽、喉和上胸为淡棕色；两翼栗褐色，尾圆形，中央尾羽基部褐色，端部淡褐色；下胸及腹部为黄灰色，肛羽和尾下覆羽灰白色，脚铅褐色。鸣禽，栖息于中、低山阔叶林和混交林林缘灌丛或山顶灌丛，也见于公园、苗圃和农田。活泼而好结群，繁殖期常成对或小群活动，秋冬季常集大群活动。杂食性，主食昆虫，也食蜘蛛等无脊椎动物和植物果实和种子。在中国分布于东北、华北、华中、华东、华南以及西南部分地区，包括台湾。营巢于乔木树侧枝上，雏鸟晚成型。

玉带河湿地公园内为留鸟，栖息于玉带河沿岸山地森林林缘灌丛及河岸灌草丛和农田，数量丰富，优势种。

栗耳凤鹛

Striated Yuhina *Yuhina castaniceps*

雀形目　绣眼鸟科

中等体型的凤鹛，体长115~150mm，雌雄同型。喙纤细，基部稍宽，红褐色，喙端色深，上喙栗色，下喙黄褐色，虹膜褐色，头顶具灰色冠羽，眼后、耳羽、后颊及后颈栗褐色，形成一宽的半颈环，为本种显著性识别特征；上体灰褐色，具白色羽干纹，飞羽和尾羽灰褐色，外侧尾羽具白色端斑；下体近白，胸侧和胁部栗色染铅蓝色，脚粉红色。鸣禽，栖息于山地常绿阔叶林和混交林至沟谷雨林，也见于林缘灌木丛。性活泼，通常吵嚷成群，繁殖期常成对活动，非繁殖期常集群活动，于林冠的较低层捕食昆虫。杂食性，主食甲虫、金龟子等昆虫，也食植物果实和种子。在中国分布于华中、华东、华南以及西南地区。营巢于其他鸟类废弃的巢洞或天然土洞中，雏鸟晚成型。

玉带河湿地公园内为留鸟，栖息于玉带河沿岸山地森林林缘灌丛及河岸疏林地和灌丛，数量丰富，优势种。

黑颏凤鹛

Black-chinned Yuhina *Yuhina nigrimenta*

雀形目 绣眼鸟科

体小的偏灰色凤鹛，体长105~120mm，雌雄同型。上喙黑色上缘弯曲，下喙橘红色，下缘稍平，头顶具明显的短羽冠，额至头顶黑色具灰色羽缘，构成灰色鳞状斑，额、眼先及颏上部黑色，为本种显著识别特征，头侧及后颈灰色；上体橄榄灰色，飞羽和尾羽暗褐色，羽缘略带绿色；下体偏白，喉部纯白色，胸部灰色，腹部灰白染黄，脚橘黄色。鸣禽，栖息于中、低山地常绿阔叶林、混交林和林缘灌丛带。性活泼而喜结群，具有季节性垂直迁徙习性。杂食性，主食昆虫，也食植物果实和种子。在中国分布于西藏东南部以东的华中、东南、华南地区。营巢于长满苔藓或地衣的枯朽树木侧枝枝杈上，雏鸟晚成型。

玉带河湿地公园内为留鸟，栖息于玉带河沿岸山地常绿阔叶林、混交林及林缘灌丛，数量较少，少见种。

红胁绣眼鸟

Chestnut-flanked White-eye *Zosterops erythropleurus*

雀形目　绣眼鸟科

中等体型的绣眼鸟，体长100~120mm，雌雄同型。上喙橄榄褐色，下喙蓝灰色，虹膜棕褐色，白色眼圈明显；上体黄绿色，飞羽和尾羽暗褐色，飞羽外翈缘暗绿色，尾羽外翈缘黄绿色；颏、喉、颈侧和上胸鲜黄色，下胸至腹中央乳白色，尾下覆羽鲜黄色，脚铅黑色。鸣禽，栖息于低山、丘陵和山脚平原地带的阔叶林和次生林，尤以河边沿岸的小树林和灌丛中较常见。性活泼，行动敏捷，单独或成对活动，有时也成群活动，常在树枝间跳跃穿梭和觅食。杂食性，主食鳞翅目和鞘翅目昆虫，也食植物浆果。在中国繁殖于东北及华北，迁徙途经华北、华中、华东和西南，也有部分于华中和西南的高海拔地区繁殖，越冬见于西南和华南。营巢于树木枝杈间或灌木丛中，雏鸟晚成型。

玉带河湿地公园内为旅鸟，栖息于玉带河沿岸山地常绿阔叶林、混交林及林缘灌丛，数量稀少，稀有种。

暗绿绣眼鸟

Japanese White-eye *Zosterops japonicus*

雀形目　绣眼鸟科

体小的橄榄绿色绣眼鸟，体长90~115mm，雌雄同型。喙黑色，喙基色浅，虹膜红褐色，白色眼圈明显，眼先黑色，额基黄色；上体绿色，飞羽和尾羽黑褐色，外翈缘草绿色；颏、喉、颈侧和上胸鲜黄色，下胸及腹部灰白色，尾下覆羽鲜黄色，脚铅灰色。鸣禽，栖息于阔叶林和针阔混交林、竹林及灌木丛。性活泼，行动敏捷，常形成大群，或与其他鸟类如山椒鸟等随意混群，在最高树木的顶层活动。杂食性，主食昆虫，也食植物浆果。在中国分布于黄河流域以南各省份。营巢于阔叶或针叶树及灌木上，雏鸟晚成型。

玉带河湿地公园内为留鸟，栖息于玉带河沿岸山地常绿阔叶林、混交林及沿河阔叶林和灌丛，数量丰富，优势种。

斑胸钩嘴鹛

Grey-sided Scimitar Babbler *Erythrogenys swinhoei*

雀形目　林鹛科

体型略大的钩嘴鹛，体长220~260mm，雌雄同型。喙粉褐色且长而下弯，虹膜淡黄白色，前额、耳羽及颊锈红色，眼先白色；上体红褐色，颏、喉灰白色，胸白而具黑色粗纵纹，下腹及两胁灰色，两胁染棕色，脚角质褐色。鸣禽，栖息于中、低海拔山地森林中及丘陵灌丛、草丛和园林中。性隐匿怯人，常单独或集小群活动。杂食性，主食昆虫及幼虫，也食植物果实和种子。在中国分布于华中部分地区及东南和华南。营巢于灌丛中，雏鸟晚成型。

中国鸟类特有种。玉带河湿地公园内为留鸟，栖息于玉带河沿岸山地常绿阔叶林和混交林林缘灌丛，数量较多，常见种。

棕颈钩嘴鹛

Streak-breasted Scimitar Babbler *Pomatorhinus ruficollis*

雀形目 林鹛科

体型略小的褐色钩嘴鹛，体长150~190mm，雌雄同型。喙细长而弯曲，上喙黑色，先端和边缘乳黄色，下喙黄色，鼻须和嘴须发达，虹膜深棕色，具显著白色的眉纹和宽的黑色贯眼纹；上体棕褐色，后颈栗红色；颏、喉白色，胸白色具栗色或黑色纵纹，也有亚种无纵纹和斑点，其余下体橄榄褐色，脚铅褐色。鸣禽，栖息于低山、丘陵和山脚平原地带的阔叶林、次生林、竹林和林缘灌丛。性隐匿怯人，常单独或集小群活动。杂食性，主食昆虫及幼虫，也食植物果实和种子。在中国分布于西藏、西南、华南、东南、海南。营巢于树上和灌丛中，雏鸟晚成型。

玉带河湿地公园内为留鸟，栖息于玉带河沿岸山地阔叶林和混交林林缘灌丛，数量丰富，优势种。

红头穗鹛

Rufous-capped Babbler *Cyanoderma ruficeps*

雀形目　林鹛科

体小的褐色穗鹛，体长100~129mm，雌雄同型。喙细而尖直，喙角褐色，下喙稍淡，虹膜红褐色，眼先黄色，眼圈黄色，颊与颈侧黄褐色，头顶红色，枕橄榄绿稍染棕色；上体淡橄榄褐色沾绿色，下体黄橄榄，颏、喉、胸浅灰黄色，颏、喉具黑色细纹，腹、尾下覆羽及胁黄褐色，脚黄褐色。鸣禽，栖息于山地森林、灌丛及竹丛。性隐匿怯人，常单独或成对活动，偶尔成小群活动。杂食性，主食昆虫及幼虫，也食植物果实。在中国分布于长江流域及以南地区，包括海南和台湾。营巢于茂密的灌丛、竹丛、草丛或柴堆中，雏鸟晚成型。

玉带河湿地公园内为留鸟，栖息于玉带河沿岸山地森林、林缘灌丛及沿河灌丛中，数量丰富，优势种。

灰眶雀鹛

Grey-cheeked Fulvetta *Alcippe morrisonia*

雀形目　幽鹛科

体型略大的喧闹而好奇的群栖型雀鹛，体长122~150 mm，雌雄同型。喙黑褐色，嘴峰稍曲，上喙末端略钩，具缺刻，鼻须和嘴须发达，虹膜红色，眼圈灰白色，头、颈和颊褐灰色；上体、翅和尾表面橄榄褐色；下体灰皮黄色，颏、喉浅灰褐色，胸灰白染草黄色，胁部草黄色，脚偏粉。鸣禽，栖息于中、低山地森林和灌丛中。除繁殖季节成对活动外，常与其他种类混群活动。杂食性，主食昆虫及幼虫，也食植物果实、种子、叶和芽。在中国分布于秦岭以南的华中、华南及西南地区。营巢于林下灌丛近地面的枝杈上，雏鸟晚成型。

玉带河湿地公园内为留鸟，栖息于玉带河沿岸山地森林、林缘灌丛及沿河灌丛中，数量丰富，优势种。

画　眉

Hwamei *Garrulax canorus*

雀形目　噪鹛科

体型略小的棕褐色鹛，体长197~245mm，雌雄同型。喙黄色且强健，嘴峰稍曲，上喙末端略钩，鼻须和嘴须明显，虹膜浅黄褐色，眼圈白色并在眼后延伸成狭窄的眉纹，为本种显著识别特征；通体棕黄色，额、头顶棕黄色，各羽具黑色羽轴纹，腹中央灰色，尾下覆羽栗黄色，脚角黄色。鸣禽，栖息于低山、丘陵和山脚平原的矮树丛、灌木丛、草丛中，也见于城郊、农田、旷野、村落附近的小树林、竹林或庭院内。喜单独活动，有时也结小群；性机敏而胆怯。雄鸟好斗，常追逐他种鸟类。杂食性，主食昆虫及幼虫，也食植物果实、种子和谷物。在中国分布于长江流域以南的华中、西南、华南和东南，包括海南。营巢于近地面的灌丛中或草丛中，雏鸟晚成型。

玉带河湿地公园内为留鸟，栖息于玉带河沿岸山地森林、林缘灌丛及沿河灌丛中，数量较多，常见种。

黑脸噪鹛

Masked Laughingthrush *Garrulax perspicillatus*

雀形目　噪鹛科

体型略大的灰褐色噪鹛，体长266~320mm，雌雄同型。喙近黑，嘴端较淡，虹膜褐色，额、颊及耳羽黑色，形成明显的黑色眼罩，为本种显著识别特征；上体大部褐色，下体前灰褐色，渐次为腹部近白，尾下覆羽黄褐色，脚黄褐色。鸣禽，栖息于低山、丘陵和山脚平原的矮树丛、灌木丛、竹丛中，也见于田野、村落、城市绿地和园林。常成对或结小群活动，鸣声嘈杂喧闹。杂食性，主食昆虫及幼虫，也食植物果实、种子和谷物。在中国分布于长江流域及以南地区，但不包括云南中西部、海南和台湾。营巢于低山丘陵和村寨附近小块丛林或竹林中，雏鸟晚成型。

玉带河湿地公园内为留鸟，栖息于玉带河沿岸山地森林、林缘灌丛及沿河竹林、灌丛及农田中，数量丰富，优势种。

白颊噪鹛

White-browed Laughingthrush *Garrulax sannio*

雀形目　噪鹛科

中等体型的灰褐色噪鹛，体长210~250mm，雌雄同型。喙褐色，虹膜褐色，眼先、眉纹、颊白色，形成白色脸颊，为本种显著识别特征；眼后至耳羽栗褐色，额、头顶、枕栗褐色，头顶羽稍长形成短羽冠；上体棕褐色，尾棕栗色；下体栗褐色，尾下覆羽红棕色，脚灰褐色。鸣禽，栖息于低山、丘陵和山脚平原的矮树丛、灌木丛、竹丛中，也见于田野、村落、城市绿地和园林。常成对或结小群活动，不如大多数噪鹛那样惧生。杂食性，主食昆虫及幼虫，也食植物果实、种子和谷物。在中国分布于长江流域及以南地区，但不包括云南中西部、海南和台湾。营巢于柏树、棕树、竹丛或灌丛中，雏鸟晚成型。

玉带河湿地公园内为留鸟，栖息于玉带河沿岸山地森林、林缘灌丛及沿河竹林、灌丛及农田中，数量丰富，优势种。

红嘴相思鸟

Red-billed Leiothrix *Leiothrix lutea*

雀形目 噪鹛科

色艳可人的小巧鹛类，体长127~155 mm，雌雄同型。喙赭红色或暗红色，嘴上缘弯曲，下缘稍直，具鼻须和瓣膜；眉纹暗橄榄绿色，眼先和眼周浅黄色，虹膜淡红褐色，颊淡黄色，耳羽浅灰色，颈侧灰白色；上体从额、头顶、枕及后颈橄榄绿色，初级飞羽外翈缘淡黄色，内翈灰黑色，从第3枚起羽基朱红色，构成鲜明翼斑；背、腰及尾上覆羽暗灰绿色，叉型尾，尾上覆羽末端具白色羽缘；颏及喉橙黄色，上胸橙红色，下胸灰白，腹部淡白，两胁浅黄灰色，尾下覆羽浅黄色，脚和趾黄褐色。鸣禽，繁殖期主要栖息于海拔700~3300 m间的山地常绿阔叶林、混交林、竹林和林缘灌丛地带，越冬期多迁至低海拔的山麓、乡野、城市绿地等地带，多集小群越冬，有垂直迁徙的习性。杂食性，繁殖期觅食多在林下寻食或站立枝头上飞捕昆虫，食物以昆虫及其他小型节肢动物为主，越冬期主要以植物果实和种子为食。在中国见于北至秦岭和河南大别山，东至沿海，西至西藏南部以南的各省份，但不见于台湾，逃逸个体见于海南。营巢于灌木或矮竹中上部侧枝上，底部悬空，雏鸟晚成型。

湖南省省鸟。玉带河湿地公园内为留鸟，栖息于玉带河沿岸菁芜洲镇至老王脚村河段周边山地森林、林缘灌丛，秋冬季下至沿河竹林、灌丛中越冬，数量较多，常见种。

黑头奇鹛

Black-headed Sibia *Heterophasia desgodinsi*

雀形目　噪鹛科

具长尾的灰色奇鹛，体长188~240 mm，雌雄同型。喙黑色，虹膜褐色；头、翼及尾黑色，头部闪金属光泽，上体灰色，下体白色，两胁沾灰，脚灰色。鸣禽，繁殖期主要栖息于中、低山地阔叶林和针阔混交林中，越冬期多迁至低海拔的沟谷林、次生林、竹林和林缘疏林灌丛带。似松鼠，在苔藓和真菌覆盖的树枝上悄然移动，性甚隐秘且动作笨拙。杂食性，主食鞘翅目、直翅目、膜翅目等昆虫，也食植物花粉、果实和种子。在中国分布于湖北西部、湖南西部、重庆、四川盆地、贵州、云南和广西。营巢于沟谷中大树顶端细的侧枝间，雏鸟晚成型。

玉带河湿地公园内为留鸟，栖息于玉带河沿岸山地阔叶林和针阔混交林及林缘灌丛，秋冬季下至沿河疏林、竹林、灌丛中觅食，数量较少，少见种。

褐河乌

White-throated Dipper *Cinclus cinclus*

雀形目　河乌科

体型略大的深褐色河乌，体长190~249mm，雌雄同型。喙深褐色，虹膜褐色，眼圈白色但被眼周羽毛覆盖不易发现；通体黑色或茶褐色，背和尾上覆羽具棕色羽缘，飞羽和尾羽黑褐色，初级飞羽外翈缘具茶褐色狭缘，尾短，脚黑褐色。幼鸟上体黑褐色具棕黄色鳞状斑，下体自胸以下至尾下覆羽具棕褐色弧形斑，初级飞羽具白色狭缘。鸣禽，栖息于山区溪流和河谷中裸露石头或河岸岩壁，从不在树上停栖。常站在水中裸石上，头常点动，翘尾并偶尔抽动。杂食性，主食各类水生昆虫，也食鱼虾和小型软体动物。在中国分布于天山西部、喜马拉雅山脉及西藏南部、西南、东北、华北、华中、华东、华南及台湾。营巢于溪河两岸石隙或石坎上，雏鸟晚成型。

玉带河湿地公园内为留鸟，栖息于玉带河上游和下游石壁突出且河中裸石较多的河段，数量较少，少见种。

八 哥

Crested Myna *Acridotheres cristatellus*

雀形目 椋鸟科

体大的黑色八哥，体长226~280mm，雌雄同型。喙浅黄色，喙基红色，虹膜橘黄色，鼻须及额羽簇形成冠羽突出；通体黑色，两翼具白色翼斑，飞行时甚为醒目，似“八”字，故而得名；尾端有狭窄的白色，尾下覆羽具黑及白色横纹，脚暗黄色。鸣禽，栖息于低山、丘陵和山脚平原地带的次生阔叶林、竹林及林缘疏林和灌丛、农田、村寨及城镇。结小群生活，一般见于旷野或城镇及花园，常站在屋脊、电线、灯杆等孤立物上，并在田间跟随耕牛后觅食。杂食性，主食蠕虫、直翅目、双翅目、膜翅目、鞘翅目等昆虫，也食植物块茎、果实、嫩叶。在中国分布于淮河流域及以南地区，包括海南和台湾，北京等地引入种群不断壮大。营巢于树洞、建筑物洞穴中，雏鸟晚成型。

玉带河湿地公园内为留鸟，栖息于玉带河沿岸疏林地、农田及村镇，数量丰富，优势种。

丝光椋鸟

Silky Starling *Spodiopsar sericeus*

雀形目　椋鸟科

体型略大的灰色及黑白色椋鸟，体长184~240mm，雌雄同型。喙红色，尖端黑色，虹膜褐色，眼圈白色；头白而沾棕色，各羽呈披散矛状，颈基、背肩及上胸暗灰色；上体余部灰色，两翼及尾辉黑色，飞行时初级飞羽的白斑明显，腰和尾上覆羽银白色；下体余部浅灰褐色，脚暗橘黄色。鸣禽，栖息于低山、丘陵和山脚平原地带的次生林及林缘疏林和灌丛、农田、村寨及城镇。繁殖期常成对或集小群，迁徙及越冬期间常集大群活动。杂食性，主食昆虫及幼虫，也食植物果实和种子。在中国分布于长江流域及以南地区，包括海南和台湾，但不见于云南中西部，且种群有向华北扩展趋势。营巢于树洞和屋顶洞穴中，雏鸟晚成型。

玉带河湿地公园内为留鸟，栖息于玉带河沿岸次生林、疏林地、灌丛、农田及村镇，数量丰富，优势种。

灰椋鸟

White-cheeked Starling *Spodiopsar cineraceus*

雀形目　椋鸟科

中等体形的棕灰色椋鸟，体长186~240mm，雌雄同型。喙橙红色，尖端黑色，虹膜褐色；头黑色，头侧具白色纵纹；体羽大部褐灰色，颏白色，喉和上胸浓褐而杂以不甚明显的灰白色羽干纹，飞羽和尾羽黑褐色，飞羽外翈缘白色，次级飞羽外羽缘白色渐宽，尾上覆羽和尾下覆羽白色，脚橙黄色。鸣禽，栖息于低山、丘陵和山脚平原地带的阔叶林、树林草地和灌丛、农田、村寨及城镇绿地。性情活泼，常集群旋飞或集群栖于树上，冬季集大群在空中旋飞。杂食性，主食昆虫及幼虫，也食植物果实和种子。在中国繁殖于东北、华北和华中北部，迁徙时经中东部，越冬于长江流域及以南地区，包括海南和台湾。营巢于阔叶林天然树洞或啄木鸟废弃的树洞中，雏鸟晚成型。

玉带河湿地公园内为冬候鸟，栖息于玉带河沿岸阔叶林、疏林地、灌丛、农田及村镇，数量丰富，优势种。

虎班地鸫

White's Thrush *Zoothera aurea*

雀形目　鸫科

体大并具粗大的褐色鳞状斑纹的地鸫，体长260~300mm，雌雄同型。喙粗健而侧扁，上喙稍曲，暗褐色，下喙基部较淡，先端暗褐色，鼻孔被膜，嘴须发达，眼圈棕白色，眼后、颊、耳羽棕白色，具黑色端斑，耳羽后有以黑色块斑；上体橄榄赭褐色，具金皮黄色的羽缘，密布黑色鳞状斑；下体浅棕白色，颏、喉棕白色，染橄榄褐色，胸、下腹及两胁具黑色鳞状斑，翼下具一条棕白色带斑，脚角质肉色。鸣禽，栖息于山地阔叶林、针阔混交林和针叶林中，喜溪河两岸和低洼地的密林。地栖性，常单独或成对于森林地面取食。杂食性，主食昆虫和无脊椎动物，也食植物果实、种子和嫩叶。在中国繁殖于东北，迁徙经华北、华东、华中和西南至华南，包括在海南和台湾越冬。营巢于溪流沿岸的混交林和阔叶林中的不甚高的树干枝杈处，雏鸟晚成型。

玉带河湿地公园内为旅鸟，栖息于玉带河沿岸阔叶林、针叶林和混交林，数量稀少，稀有种。

乌 鸫

Chinese Blackbird *Turdus mandarinus*

雀形目 鸫科

雄鸟

雌鸟

体型略大的全深色鸫，体长260~290mm，雌雄同型。雄鸟通体黑色，喙和眼圈橙黄色，颏、喉浅栗褐色，微具浅黑褐色纵纹；雌鸟喙黑色，上体黑褐色，下体深褐色；虹膜褐色，脚深褐色。鸣禽，栖息于山地森林林缘及疏林地、灌丛、农田、果园及村寨附近小树林中。单独或成对活动，秋、冬季常成小群活动。杂食性，主食昆虫和无脊椎动物，也食植物果实和种子。在中国分布于西北、华北、西南、华中、东南和华南的广大地区。营巢于村寨附近或田园边乔木主干分枝处，雏鸟晚成型。

中国鸟类特有种。玉带河湿地公园内为留鸟，栖息于玉带河沿岸森林林缘、农田、村寨附近树林和灌丛，数量丰富，优势种。

红尾斑鸫

Naumann's Thrush *Turdus naumanni*

雀形目 鸫科

中等体型红尾的鸫，体长204~240mm，雌雄同型。喙黑褐色，下喙基黄色，嘴峰稍曲，虹膜褐色，眼先灰黑色，眉纹灰白色，颊和耳羽黑色；颏灰白色，喉和颧纹区散布黑色点斑；上体大部灰褐色，翼缘黄褐色，尾羽红褐色；胸、两胁及尾下覆羽棕红色，具污白色羽缘；腹中央白色，脚角褐色。鸣禽，栖息于森林和林缘，也见于农田、果园及村寨附近疏林地和城镇行道树。冬季常成小群活动。杂食性，主食昆虫和幼虫，也食植物果实和种子。在中国分布于东北、华北、华中、东南和华南地区。营巢于树干水平枝杈上，也有在树桩或地面营巢的，雏鸟晚成型。

玉带河湿地公园内为冬候鸟，栖息于玉带河沿岸草滩、森林林缘、农田、村寨附近树林和灌丛，数量稀少，稀有种。

斑　鸫

Dusky Thrush *Turdus eunomus*

雀形目　鸫科

中等体型而具明显黑白色图纹的鸫，体长190~250mm，雌雄同型。喙近黑，下喙基黄色，嘴峰稍曲，虹膜褐色，眉纹白色，眼先、耳羽和后颊部黑褐色；前颊、颈侧及颏和喉棕白色，髭纹黑点状；上体从头顶至尾橄榄褐色，翼上覆羽和内侧飞羽具宽的棕色羽缘；胸和两胁布满棕黑色斑点，腋羽及外侧尾羽内翈黑色，脚褐色。鸣禽，栖息于丘陵疏林地、农田、果园及村寨附近疏林地和城镇行道树。冬季常成大群活动。杂食性，主食昆虫和幼虫，也食植物果实和种子。在中国分布于东北、华北、华中、华东、东南、西南和华南地区，包括海南和台湾。营巢于树干枝杈上，雏鸟晚成型。

玉带河湿地公园内为冬候鸟，栖息于玉带河沿岸草滩、疏林地、农田、村镇附近树林和灌丛，数量丰富，优势种。

红胁蓝尾鸲

Orange-flanked Bluetail *Tarsiger cyanurus*

雀形目　鹟科

雄鸟

雌鸟

体型略小而喉白的鸲，体长120~154mm，雌雄异型。喙黑色，虹膜褐色，脚灰色；本种显著识别特征为橙黄色两胁与白色腹部及臀成对比；雄鸟：上体灰蓝色，具一短白色眉纹，中央尾羽黑色，羽缘蓝色；下体白色，胸侧灰蓝。雌鸟上体橄榄褐色，腰羽和尾上覆羽蓝灰色；颏、喉白色，胸缀褐色。鸣禽，栖息于湿润山地森林及次生林的林下低处。性隐匿而不甚惧人，常单独或成对觅食于植被中下层。食虫类，主食昆虫和幼虫，也食少量植物果实和种子。在中国繁殖于东北，迁徙经过华北、华中和西南，越冬于华中南部、华东、东南、华南及西南，包括海南和台湾。营巢于较茂密的暗针叶林中突出的树根或土崖上的洞穴中，雏鸟晚成型。

玉带河湿地公园内为冬候鸟，栖息于玉带河沿岸林缘、草滩、农田和灌丛，数量丰富，优势种。

雄鸟

鹊　鸲

Oriental Magpie Robin *Copsychus saularis*

雀形目　鹟科

中等体型的黑白色鸲，体长190~277mm，雌雄异型。喙及脚黑色，虹膜褐色；雄鸟：上体大部黑色闪灰蓝色金属光泽，翅上具白色条形翼斑，下体颏至胸部黑色，腹及臀羽白色；雌鸟似雄鸟，但暗灰取代黑色；亚成鸟似雌鸟但为杂斑。鸣禽，栖息于中低海拔山地森林林缘、疏林、竹林及灌丛，也见于次生林、人工林、苗圃、果园、村镇及城市公园。性活泼而不惧人，停栖时尾常上翘。食虫类，主食昆虫和幼虫，也食少量植物果实和种子。在中国见于长江流域及以南区域，包括海南，台湾有引入种群。营巢于树洞、墙壁、洞穴及屋檐缝隙中，雏鸟晚成型。

玉带河湿地公园内为留鸟，栖息于玉带河沿岸林缘灌丛、滩涂、农田和村寨，数量较多，常见种。

北红尾鸲

Daurian Redstart *Phoenicurus auroreus*

雀形目　鹟科

雄鸟

雌鸟

中等体型而色彩艳丽的红尾鸲，体长128~159mm，雌雄异型。喙及脚黑色，虹膜褐色，具明显而宽大的白色翼斑；雄鸟：头顶和上背石板灰色，下背、两翼及中央尾羽黑色，其余尾羽橙棕色；体羽余部橙棕色。雌鸟：上体橄榄褐色，眼圈微白，两翅黑褐色具白色翼斑，下体暗黄褐色。鸣禽，栖息于中低海拔山地森林、河谷林缘，冬季栖于低地落叶矮树丛、农田及村寨近郊树丛。常立于突出的栖处，尾颤动不停。食虫类，主食昆虫和幼虫，也食少量浆果。在中国见于长江流域及以南区域，包括海南，台湾有引入种群。营巢于树洞、墙壁、屋檐缝隙、顶棚及岩洞中，雏鸟晚成型。

玉带河湿地公园内为冬候鸟，栖息于玉带河沿岸林缘灌丛、滩涂、农田和村寨，数量丰富，优势种。

红尾水鸲

Plumbeous Water Redstart *Rhyacornis fuliginosa*

雀形目　鹟科

体小的雄雌异色水鸲，体长130~140mm，雌雄异型。喙黑色，虹膜深褐，脚褐色；雄鸟：通体暗蓝色，翅黑褐色，尾羽及尾上、下覆羽栗红色。雌鸟：上体淡蓝灰色，眼圈色浅，翅褐色，具两道白色点状斑，尾羽基部白色，端部及羽缘褐色，中央尾羽基部红色；下体白，灰色羽缘成鳞状斑纹。幼鸟灰色上体具白色点斑。鸣禽，栖息于山地溪流沿岸。单独或成对，常停栖在溪流中砾石及河流岸边低矮植被上。尾常摆动，炫耀时停在空中振翼，尾扇开，作螺旋形飞回栖处。食虫类，主食水生昆虫，也食少量植物果实和种子。在中国见于长江流域及以南区域，包括海南，台湾有引入种群。营巢于河谷与溪流岸边的悬崖洞隙中，雏鸟晚成型。

玉带河湿地公园内为留鸟，栖息于玉带河沿岸滩涂及石壁上，数量较多，常见种。

雄鸟

雌鸟

白顶溪鸲

White-capped Water Redstart *Chaimarrornis leucocephalus*

雀形目 鹟科

中等体型的黑白色鸲，体长190~277mm，雌雄异型。喙及脚黑色，虹膜褐色；雄鸟：上体大部黑色闪灰蓝色金属光泽，翅上具白色条形翼斑，下体颏至胸部黑色，腹及臀羽白色；雌鸟似雄鸟，但暗灰取代黑色；亚成鸟似雌鸟但为杂斑。鸣禽，栖息于中低海拔山地森林林缘、疏林、竹林及灌丛，也见于次生林、人工林、苗圃、果园、村镇及城市公园。性活泼而不惧人，停栖时尾常上翘。食虫类，主食昆虫和幼虫，也食少量植物果实和种子。在中国见于长江流域及以南区域，包括海南，台湾有引入种群。营巢于树洞、墙壁、洞穴及屋檐缝隙中，雏鸟晚成型。

玉带河湿地公园内为留鸟，栖息于玉带河沿岸林缘灌丛、滩涂、农田和村寨，数量较多，常见种。

雄鸟

紫啸鸫

Blue Whistling Thrush *Myophonus caeruleus*

雀形目　鹟科

体大的近黑色啸鸫，体长280~352 mm，雌雄同型。黑色喙强健，嘴峰稍曲，上喙端略钩，嘴须和鼻须明显，虹膜暗褐色；通体暗蓝紫色，具辉亮的淡紫色滴状斑；两翅飞羽黑褐色，腰和尾上覆羽滴状斑较小而且稀疏；腹、后胁和尾下覆羽黑褐色有的微沾紫蓝色，脚黑色。鸣禽，主要栖息于海拔3800m以下的山地森林溪流沿岸，尤以阔叶林和混交林中多岩的山涧溪流沿岸较常见。单独或成对活动，性活泼而机警。地栖性，常在山涧溪边岩石蹿跳。食虫类，主食昆虫和昆虫幼虫为食，也食螺、蚌和小蟹等其他动物，偶尔吃少量植物果实与种子。中国分布于华北、华东、华中、华南和西南等地。巢多置于溪边岩壁突出的岩石上或岩缝间，也在瀑布后面岩洞中和树根间的洞穴或人工建筑物屋檐上，雏鸟晚成型。

玉带河湿地公园内为留鸟，栖息于玉带河上游和下游沿岸滩涂及石壁上，数量较少，少见种。

小燕尾

Little Forktail *Enicurus scouleri*

雀形目　鹟科

体型最小的黑白色短尾燕尾，体长110~140mm，雌雄同型。黑色喙平直，虹膜褐色；通体黑白两色分明，额、头顶前部、下胸、腹、腰及尾上、下覆羽白色，翅合拢时具一宽阔的白色横斑，最外侧尾羽白色；其余部位羽色黑色，脚粉白色。鸣禽，主要栖息于海拔3500m以下的山涧溪流与河谷沿岸，繁殖期栖息于较高海拔山区溪涧，秋、冬季节性垂直迁徙至较低海拔山区河谷地带越冬。常成对或单个活动，性格活跃，停歇时尾有节律地上下摇摆或扇开似红尾水鸲。食虫类，主食水生昆虫和幼虫，也食小鱼、蜘蛛及陆生昆虫。在中国分布于华中、华东、华南、东南及西南地区，包括台湾，但不见于海南。通常营巢于森林中山涧溪流沿岸岩石缝隙间和壁缝上，雏鸟晚成型。

玉带河湿地公园内为留鸟，栖息于玉带河沿岸滩涂及石壁上，数量较多，常见种。

灰背燕尾

Slaty-backed Forktail *Enicurus schistaceus*

雀形目　鹟科

黑白灰三色中等体型燕尾，体长206~240mm，雌雄同型。黑色喙平直，上喙近端具缺刻，嘴须发达，虹膜褐色；额基、眼先、颊和颈侧黑色，前额至眼圈上方白色，头顶至背蓝灰色，飞羽黑色，具白色翼斑，腰和尾上覆羽白色，黑色尾羽梯形成叉状，基部和端部均白，最外侧两对尾羽纯白；颏至上喉黑色，下体余部纯白，脚角白色。鸣禽，一般栖息在海拔340~1600m之间的山地河谷、溪沟，岸边多分布有茂密的树林或灌丛。常单独或成对活动，常在岸边岩石上或在溪流中的石头上停歇，或沿水面低空短距飞行，性机敏不甚惧人。食虫类，主食水生昆虫、蚂蚁、蜻蜓幼虫、毛虫、螺类等，也食小鱼。在中国分布于西南、华中南部、东南及华南地区，包括海南。通常营巢于森林中水流湍急的山涧溪流沿岸岩石缝隙间和土坎上，雏鸟晚成型。

玉带河湿地公园内为留鸟，栖息于玉带河沿岸滩涂及石壁上，数量较多，常见种。

白额燕尾

White-crowned Forktail *Enicurus leschenaulti*

雀形目　鹟科

中等体型的黑白色燕尾，体长250~310mm，雌雄同型。黑色喙平直较纤细，上端具缺刻，嘴须明显；通体黑白相间，前额至头顶前部白色，头顶后部至上背及颈侧为辉黑色，下背、腰和尾上覆羽白色；飞羽黑色，基部白色，与大覆羽白色端斑共同形成翅上显著的白色翅斑；尾长、呈深叉状，尾羽黑色具白色基部和端斑，最外侧两对尾羽白色；颏、喉至胸黑色，其余下体白色，脚肉白色。鸣禽，主要栖息于山地谷底河流与小溪沿岸，岸边多分布有茂密的树林与灌丛，具季节性垂直迁徙。常单独或成对活动，喜在河床裸露的岩石间停歇。食虫类，主食水生昆虫和幼虫，也食小鱼、蜘蛛及陆生昆虫。在中国分布于长江流域及以南地区包括海南。通常营巢于森林中水流湍急的山涧溪流沿岸岩石缝隙间的浅洞内，雏鸟晚成型。

玉带河湿地公园内为留鸟，栖息于玉带河沿岸滩涂及石壁上，数量较多，常见种。

雄鸟

黑喉石䳭

Siberian Stonechat *Saxicola maurus*

雀形目　鹟科

中等体型的黑、白及赤褐色䳭鸟，体长115~150mm，雌雄异型。喙黑色，虹膜暗褐色，脚近黑。雄鸟：上体头部、飞羽及尾羽黑色，背深褐色，背与两肩杂以棕色羽缘，颈及翼上具粗大的白斑，腰白色；胸棕色，腹浅棕色至白色，尾下覆羽和腋羽黑色。雌鸟：色较暗而无黑色，上体灰褐色，喉近白，下体皮黄，仅翼上具白斑。鸣禽，主要栖息于低山、丘陵、平原、草地、沼泽、田间灌丛及湖泊与河流沿岸附近的灌丛草地。常单独或成对活动，栖于突出的低树枝以跃下地面捕食猎物。食虫类，主食昆虫和幼虫，也食小型无脊椎动物及少量植物果实和种子。在中国见于各省。通常营巢于土坎、土洞、岩坡缝隙、倒木树洞中，雏鸟晚成型。

玉带河湿地公园内为夏候鸟，栖息于玉带河沿岸滩涂灌丛、草地及农田，数量较多，常见种。

雄鸟

灰林䳭

Grey Bushchat *Saxicola ferreus*

雀形目　鹟科

中等体型的偏灰色即鸟，体长118~150mm，雌雄异型。喙黑色，虹膜深褐色，脚黑色。雄鸟：上体灰色斑驳，眼先、颊和耳羽黑色，眉纹灰白色，自鼻后缘后伸达枕部；飞羽和尾羽黑色，羽缘灰色，胸、腹及两胁浅灰色。雌鸟：上体暗棕褐色，稍具黑色纵纹；下体棕白沾灰。幼鸟似雌鸟，但下体褐色具鳞状斑纹。鸣禽，主要栖息于海拔3000m以下的开阔林地、林缘灌丛、草坡及沟谷次生林及农田、村寨附近灌丛。常单独或成对活动，有时也集小群活动。食虫类，主食昆虫和幼虫，也食植物果实、种子和草籽。在中国分布于长江流域及以南地区，迁徙季节见于台湾。通常营巢于地上草丛或灌丛中，也在河岸或山坡岩石洞穴营巢，雏鸟晚成型。

玉带河湿地公园内为留鸟，栖息于玉带河沿岸山地森林林缘灌丛、草地及农田，数量较少，少见种。

雄鸟

蓝矶鸫

Blue Rock Thrush *Monticola solitarius*

雀形目　鹟科

中等体型的青石灰色矶鸫，体长196~225mm，雌雄异型。喙黑色，虹膜褐色，脚黑色。雄鸟：通体暗蓝色，两翅和尾近黑，下体具黑色波状横斑。雌鸟：上体褐灰色，下体皮黄而密布黑色鳞状斑纹。亚成鸟似雌鸟但上体具黑白色鳞状斑纹。鸣禽，主要栖息于低山峡谷、山涧溪流等水域。常单独或成对活动。常栖于突出位置如岩石、房屋柱子及死树，冲向地面捕捉昆虫。食虫类，主食昆虫和幼虫，也食植物果实、种子和草籽。在中国繁殖于西北、东北、华北、西南和长江以南地区，南方地区越冬。通常营巢于沟谷岩石缝隙中或岩石间，雏鸟晚成型。

玉带河湿地公园内为留鸟，栖息于玉带河上游和下游沿岸滩涂及石壁上，数量较少，少见种。

乌 鹟

Dark-sided Flycatcher *Muscicapa sibirica*

雀形目 鹟科

体型略小的烟灰色鹟，体长118~142mm，雌雄同型。喙黑色，虹膜深褐，眼先及眼圈稍白，下颊具黑色细纹；上体乌灰褐色，翼和尾黑褐色，内侧飞羽具白色羽缘；下体污白，喉白，具白色的半颈环，胸和两肋具褐色块斑，脚黑色。鸣禽，主要栖息于丘陵及山脚平原地带的阔叶林、次生林和林缘疏林灌丛中。常单独或成对活动。紧立于裸露低枝，冲出捕捉过往昆虫。食虫类，主食昆虫和幼虫。在中国分布于东部大部分地区和华南。通常营巢于山溪、沟谷和林间疏林处的松树侧枝上，雏鸟晚成型。

玉带河湿地公园内为夏候鸟，栖息于玉带河沿岸阔叶林、针阔混交林林缘及疏林地、灌丛，数量较少，少见种。

北灰鹟

Asian Brown Flycatcher *Muscicapa dauurica*

雀形目　鹟科

体型略小的灰褐色鹟，体长103~143mm，雌雄同型。黑色喙，喙基宽阔，下喙基黄色，虹膜褐色，眼先及眼圈白色，头顶各羽中央缀灰黑色，具模糊的黑褐色颊纹和髭纹；上体及头侧灰褐色，翼及尾暗褐色，次级飞羽和大覆羽具灰白色羽缘；下体偏白，颏、喉、腹及尾下覆羽均为白色，胸侧及两胁苍灰色，脚黑色。鸣禽，主要栖息于山地溪流沿岸的落叶阔叶林、针阔混交林和针叶林中。性隐匿，常单独或成对活动，偶尔小群活动。食虫类，主食昆虫和幼虫。在中国繁殖于东北，迁徙经华北、华东、华中、东南和西南地区。通常营巢于森林中乔木的枝杈上，雏鸟晚成型。

玉带河湿地公园内为旅鸟，栖息于玉带河沿岸阔叶林、针阔混交林林缘及疏林地、灌丛，数量较少，少见种。

白喉林鹟

Brown-chested Jungle Flycatcher *Cyornis brunneatus*

雀形目　鹟科

中等体型偏褐色鹟，体长150~170mm，雌雄同型。喙宽扁，嘴峰明显，先端具钩和缺刻，上喙黑褐色，下喙基部偏黄色，嘴须发达，虹膜褐色，眼先白色，眼周淡黄色，颊和耳羽褐色具细的白羽干纹；上体橄榄褐色，飞羽黑褐色，具浅棕色外翈缘和棕白色的内翈缘，尾羽褐色，外翈缘染棕；下体白色，胸具淡褐色胸环，腹灰白色，两胁及尾下覆羽淡棕色，脚淡黄色。鸣禽，主要栖息于中、低海拔的常绿阔叶林、竹林和林缘灌丛。性隐匿惧人，常单独或成对活动，只闻其声，难见其身。食虫类，主食昆虫和幼虫。在中国繁殖于东北，迁徙经华北、华东、华中、东南和西南地区。

玉带河湿地公园内为夏候鸟，栖息于玉带河沿岸常绿阔叶林林缘及竹林、灌丛，数量稀少，稀有种。

橙腹叶鹎

Orange-bellied Leafbird *Chloropsis hardwickii*

雀形目　叶鹎科

体型略大而色彩鲜艳的叶鹎，体长160~204mm，雌雄异型。喙黑色，上喙稍曲，虹膜褐色，脚灰色。雄鸟：额至后枕灰绿色，后颈黄绿色，其余上体绿色；两翼及尾蓝色，肩羽暗蓝色；眼先、耳羽、颊、颈侧至颏喉部黑色，具较宽的钴蓝色髭纹；上胸蓝色或暗蓝色，下胸、腹及尾下覆羽橙黄色；胁部淡绿色。雌鸟：通体多绿色，眼先、耳羽蓝绿色，髭纹蓝色。鸣禽，主要栖息于中、低山，丘陵及山脚平原地带的阔叶林和针阔混交林。性活跃，常单独或成对活动。食虫类，主食昆虫和幼虫，也食少量植物果实和种子。在中国分布于南方各省，包括海南。通常营巢于乔木树上，雏鸟晚成型。

玉带河湿地公园内为留鸟，栖息于玉带河沿岸山地常绿阔叶林及针阔混交林，数量较少，少见种。

雌鸟

雄鸟

叉尾太阳鸟

Fork-tailed Sunbird *Aethopyga christinae*

雀形目　花蜜鸟科

体型非常小而纤弱的艳丽鸟，体长160~204mm，雌雄异型。喙黑色，细长而向下曲，虹膜褐色，脚黑色。雄鸟：眼先、颊、耳羽黑色，髭纹辉紫色；头顶至后颈绿色，具金属光泽；上体余部暗橄榄绿色，腰鲜黄色，尾上覆羽和尾羽大部均呈绿色沾金属闪光，中央尾羽羽轴延长如针状；颏、喉、上胸赭红色；下胸沾黄色或灰褐色，其余下体和两胁绿黄色。雌鸟，上体橄榄绿色，颏、喉浅灰绿色，腰鲜黄色，中央尾羽羽轴不延长；下体淡黄绿色。鸣禽，栖息于中山、低山丘陵地带，喜在河谷、溪沟或山坡林地边缘茂密的灌丛。性活泼机敏，不甚惧人。常多单独或成对活动，有时结小群活动。主食花蜜，吸取花蜜时偶尔会像蜂鸟般悬停在空中，有“亚洲蜂鸟”之称。在中国分布于华中、华东、东南、华南及西南地区。巢营于阔叶林缘的藤本灌木丛上，雏鸟晚成型。

玉带河湿地公园内为留鸟，栖息于玉带河沿岸山地常绿阔叶林林缘藤本植物丛生的灌丛，数量较少，少见种。

白腰文鸟

White-rumped Munia *Lonchura striata*

雀形目　梅花雀科

中等体型的文鸟，体长100~120mm，雌雄同型。喙短椎状，上喙黑色，下喙蓝灰色，虹膜褐色，颊及耳羽淡褐色具点状白色羽干纹；上体深褐色，具白色羽干纹，飞羽黑褐色，尾羽黑色呈尖形，腰白色，腹部皮黄白，具细小的皮黄色鳞状斑及细纹，脚蓝褐色。鸣禽，栖息于低山、丘陵和山脚平原地带的林缘、灌丛、农田及花园。性喧闹，常结小群活动。食谷类，主食稻谷、草籽、果实、嫩叶及芽，也食少量昆虫。在中国分布于华中、华东、东南、华南及西南地区。巢营于农田和林缘灌丛或竹丛中，雏鸟晚成型。

玉带河湿地公园内为留鸟，栖息于玉带河沿岸林缘、农田及村落边灌丛、竹丛或芒草丛，数量丰富，优势种。

斑文鸟

Scaly-breasted Munia *Lonchura punctulata*

雀形目 梅花雀科

亚成鸟

成鸟

中等体型的暖褐色文鸟，体长105~123mm，雌雄同型。嘴黑灰色，虹膜暗褐色，颊、耳羽及颏喉深栗色；上体褐色，具白色羽干纹，下体白色，胸及两胁具深褐色鳞状斑，脚铅褐色。亚成鸟下体浓皮黄色而无鳞状斑。鸣禽，栖息于低山、丘陵和山脚平原地带的林缘、灌丛、农田及河谷。性喧闹，成对或与其他文鸟混成小群。食谷类，主食稻谷、草籽、果实、嫩叶及芽，也食少量昆虫。在中国分布于华中、华东、东南、华南及西南地区。巢营于靠近主干的茂密侧枝枝杈处，雏鸟晚成型。

玉带河湿地公园内为留鸟，栖息于玉带河沿岸林缘灌丛、竹丛、草丛、农田及村落，数量丰富，优势种。

山麻雀

Russet Sparrow Passer cinnamomeus

雀形目 雀科

中等体型的艳丽麻雀，体长113~137mm，雌雄异型。雄鸟：喙黑色，虹膜暗褐色，眼先黑色，颊、耳羽及颈侧污白色；顶冠及上体栗红色，上背具黑色纵纹，飞羽和尾羽黑褐色，具黄褐色羽缘；颏、喉中央具一黑斑；胸至尾下覆羽灰白色，脚黄褐色。雌鸟：体色较淡，下喙基部角褐色，头顶灰褐色，具黄白色眉纹和黑褐色贯眼纹；颏、喉无黑色，上体大部羽色浅灰褐色，具黑褐色条纹。鸣禽，栖息于低山、丘陵和山脚平原地带的开阔林地、灌丛、农田及村寨。性胆大不惧人，常集群活动。杂食性，主食植物性食物和昆虫。在中国分布于西藏东部和东南部至青海南部，向东至西南、华中、华东、东南及华南地区，包括台湾，且在华北有夏候鸟记录。巢营于山坡岩壁天然洞穴中，也营巢在堤坝、桥梁洞穴或房檐下和墙壁洞穴中，雏鸟晚成型。

玉带河湿地公园内为留鸟，栖息于玉带河沿岸疏林地及灌丛、农田、村落，数量丰富，优势种。

雄鸟

雌鸟

麻　雀

Eurasian Tree Sparrow *Passer montanus*

雀形目　雀科

体型略小的矮圆而活跃的麻雀，体长124~150mm，雌雄同型。喙黑色，虹膜暗褐色，眼先及下缘黑色；额至后颈栗褐色，头侧白色，耳羽具一黑斑；颏、喉部黑色；背肩棕褐色，密杂黑色纵纹；飞羽黑褐色，先端灰白色，尾羽棕黑色，具棕褐色羽缘。下体灰白色，两胁浅褐色，脚浅黄褐色。幼鸟似成鸟但色较黯淡，喙基黄色。鸣禽，主要栖息于人居环境及疏林地、农田。性胆大不惧人，常集群活动。杂食性，主食植物性食物和昆虫。在中国广泛分布于各地区，包括海南和台湾。巢营于屋檐和墙壁洞穴中，雏鸟晚成型。

玉带河湿地公园内为留鸟，栖息于玉带河沿岸疏林地及灌丛、农田、村落，数量丰富，优势种。

黄鹡鸰

Eastern Yellow Wagtail *Motacilla tschutschensis*

雀形目　鹡鸰科

中等体型的带褐色或橄榄色的鹡鸰，体长150~190mm，雌雄同型。嘴灰褐色且纤细，虹膜褐色，眼先黑色，颊及耳羽黑色或灰褐色；上体橄榄绿色或灰色，飞羽和尾羽黑褐色，具黄白色羽缘，翼上具2道黄白色翼斑，最外侧两对尾羽大部白色；下体黄色，脚黑褐色。鸣禽，栖息于低山、丘陵和山脚平原地带的河谷、池塘、湖畔、农田及村寨。常成对或集小群活动。食虫类，主食昆虫及幼虫。在中国繁殖于东北和华北，迁徙途经华中、华东，在东南及华南地区，包括海南和台湾。巢营于河边岩坡草丛和桥墩边，雏鸟晚成型。

玉带河湿地公园内为冬候鸟，栖息于玉带河及沿岸疏林地、灌丛、农田及村落，数量较少，少见种。

雄鸟

黄头鹡鸰

Citrine Wagtail *Motacilla citreola*

雀形目　鹡鸰科

体型略小的鹡鸰，体长150~190mm，雌雄异型。喙黑色且尖细，虹膜暗褐色，脚黑色细长。雄鸟：夏羽头部、头侧和下体鲜黄色，后颈及颈侧具绒黑色领环；上体余部深灰色，飞羽灰褐色具白色羽缘，尾羽黑褐色，最外侧尾羽几乎全白，尾下覆羽灰白色；冬羽黄色调代之以灰白色，具颊下纹和髭纹。雌鸟：额和头侧黄色，头顶至后颈黄绿色；上体灰色，后颈无黑色领环，颏、喉、胸及下体鲜黄色。鸣禽，栖息于低山、丘陵和山脚平原地带的河谷、溪流、湖岸、农田及临水草地。多成对或集小群活动。食虫类，主食昆虫及幼虫，也食少量植物性食物。在中国繁殖于西北、东北及华北，在西南和华南地区越冬。巢营于水岸土丘地面或草丛中，雏鸟晚成型。

玉带河湿地公园内为冬候鸟，栖息于玉带河及沿岸草滩及农田，数量稀少，稀有种。

灰鹡鸰

Gray Wagtail *Motacilla cinerea*

雀形目　鹡鸰科

中等体型而尾长的偏灰色鹡鸰，体长160~190mm，雌雄同型。喙黑褐色且纤细，虹膜褐色，脚粉灰色。雄鸟：眉纹白色，贯眼纹灰褐色，颊灰色染白，耳羽灰褐色，颊下纹灰白色，髭纹灰褐色，颏、喉夏季黑色，冬季则为灰白色；上体灰褐色，飞羽黑褐色具白色翼斑，腰鲜黄色，中央尾羽黑褐色，外侧1对尾羽白色；下体黄色。雌鸟似雄鸟，下体黄色浅淡，不如雄鸟鲜亮。鸣禽，栖息于中低海拔的河谷、溪流、湖岸、水塘、沼泽等水域岸边或临水草地、农田及村寨。常光顾多岩溪流并在潮湿砾石或沙地觅食。食虫类，主食昆虫及幼虫，也食少量植物性食物。在中国繁殖于西北、华北、东北至华中山地，在西南、长江中游、华南、东南地区越冬，包括海南和台湾。巢营于水岸土坑、水坝、河岸倒木树洞或墙壁缝隙中，雏鸟晚成型。

玉带河湿地公园内为留鸟，栖息于玉带河及沿岸草滩及农田、村寨，数量较多，常见种。

白鹡鸰

White Wagtail *Motacilla alba*

雀形目　鹡鸰科

中等体型的黑、灰及白色鹡鸰，体长160~200mm，雌雄同型。喙黑色纤细，虹膜褐色；雄鸟：体羽黑白分明，额、头顶前部、头侧、颈侧、颏、喉、下胸至尾下覆羽白色；飞羽黑色具白色羽缘；其余体羽黑色，尾羽黑色较长，最外侧2对尾羽白色，脚黑色。雌鸟：似雄鸟，但背部常杂以灰色或暗灰色。鸣禽，栖息于河流、湖泊、水库、水塘等水域岸边，也栖于沼泽、农田、村寨及城镇园林。常成对或集小群活动，不甚惧人。食虫类，主食昆虫及幼虫，也食无脊椎动物和少量植物性食物。在中国广泛分布于各省份。巢营于水域附近岩洞、岩壁缝隙、河边土坎及河岸灌草丛中，雏鸟晚成型。

玉带河湿地公园内为留鸟，栖息于玉带河及沿岸草滩、灌丛、农田及村镇，数量丰富，优势种。

树　鹨

Olive-backed Pipit *Anthus hodgsoni*

雀形目　鹡鸰科

中等体型的橄榄色鹨，体长139~169mm，雌雄同型。喙纤细，上喙褐色，下喙棕黄色，虹膜红褐色，粗著的眉纹淡黄白色，贯眼纹黑褐色，上颊和耳羽绿褐色，下颊棕黄色，髭纹黑褐色，耳羽后方具一小白斑；上体橄榄褐色，飞羽和尾羽黑褐色，翅上具2道灰白色翼斑，最外1对尾羽和此外1对尾羽端具白斑；下体白色，喉及两胁皮黄，胸及两胁黑色纵纹浓密，脚粉红色。鸣禽，栖息于各种森林及林缘灌丛、农田、村寨。通常藏隐于近溪流处。食虫类，主食昆虫及幼虫，也食少量植物性食物。在中国繁殖于东北、喜马拉雅山脉以及秦岭至横断山区，越冬在西南、东南、华中、华南包括海南和台湾。巢营于林缘、林间路边或林中空地等开阔地区的地上草丛或灌木旁浅坑内，雏鸟晚成型。

玉带河湿地公园内为冬候鸟，栖息于玉带河沿岸林地及林缘灌丛、农田及村镇，数量丰富，优势种。

水 鹨

Water Pipit *Anthus spinoletta*

雀形目 鹡鸰科

中等体型的偏灰色而具纵纹的鹨，体长148~175mm，雌雄同型。喙灰色，虹膜褐色，眉纹粗著棕白色，眼先灰褐色耳羽橄榄褐色，颊部灰白染褐，髭纹黑褐色；上体灰褐色，具不甚明显的暗褐色纵纹，飞羽和尾羽黑褐色，翅上具2道灰白色翼斑，最外侧尾羽具楔状白色端斑；夏羽下体粉红而几无纵纹，冬羽胸及两胁具浓密的黑色点斑或纵纹，脚偏粉色。鸣禽，栖息于水域及附近的沼泽、草地、沟渠、农田。常在地面行走，比多数鹨姿势较平。食虫类，主食昆虫及幼虫，也食杂草种子和小型无脊椎动物。在中国见于北部和西部高海拔地区，越冬在华北、华中、华东至华南越冬。巢营于地上草丛中或灌木丛旁，雏鸟晚成型。

玉带河湿地公园内为冬候鸟，栖息于玉带河及沿岸草丛、农田，数量较少，少见种。

燕　雀

Brambling / *Fringilla montifringilla*

雀形目　燕雀科

中等体型而斑纹分明的壮实型雀鸟，体长134~170mm，雌雄异型。喙圆锥状黄色，尖端黑色，虹膜褐色，脚粉褐色；雄鸟：头顶至背部亮黑色，背具黄褐色羽缘，飞羽和尾羽黑色，翅上具白斑；颏、喉、胸橙黄色，腹至尾下覆羽白色，两胁淡棕色具黑色斑点。雌鸟：体色较淡，上体褐色具黑色斑点，头顶和枕具窄的黑色羽缘，头侧和颈侧灰色，腰白色。鸣禽，栖息于山地各类森林，迁徙和越冬见于农田、旷野、果园和村寨附近。喜跳跃和波状飞行，成对或小群活动，于地面或树上取食。杂食性，繁殖期主食昆虫及幼虫，非繁殖期主食草籽、果实和种子。在中国见于东半部和西北部的天山、青海西部，越冬于南方各省。巢营于桦树、杉树、松树等树上紧靠主干的分枝处，雏鸟晚成型。

玉带河湿地公园内为冬候鸟，栖息于玉带河沿岸树林及林缘灌丛、农田、村寨，数量丰富，优势种。

雄鸟

雌鸟

黑尾蜡嘴雀

Chinese Grosbeak *Eophona migratoria*

雀形目　燕雀科

体型略大而敦实的雀鸟，体长167~210mm，雌雄异型。蜡黄色喙硕大而端黑，虹膜褐色，脚粉褐色。雄鸟：额、头顶、眼周、嘴基和颏黑色；上体余部灰色，飞羽和尾羽黑色，飞羽中段具一白斑；喉和上胸淡灰色，其余体羽灰白色。雌鸟：似雄鸟，但头部黑色部分少。鸣禽，栖息于低山、丘陵和山脚平原地带的各种森林，越冬期也见于农田、旷野、果园和村寨附近。树栖性，越冬期间常集大群活动。杂食性，主食草籽、果实、种子、嫩叶、嫩芽等植物性食物，也食部分昆虫。在中国见于东半部和西北部的天山、青海西部，越冬于南方各省。巢营于柞树、杨树或其他乔木侧枝枝杈上，雏鸟晚成型。

玉带河湿地公园内为冬候鸟，栖息于玉带河沿岸树林及林缘灌丛、农田、村寨，数量丰富，优势种。

金翅雀

Grey-capped Greenfinch *Chloris sinica*

雀形目　燕雀科

体小的黄、灰及褐色雀鸟，体长116~140mm，雌雄异型。偏粉色喙短圆锥状，虹膜暗褐色，眼先与眼周黑色，脚粉褐色；雄鸟：顶冠及后颈暗灰色，背栗褐色具暗色羽干纹，飞羽和尾羽黑色，翅上具黄色翼斑，外侧尾羽基部及臀黄色，腰黄色。雌鸟：似雄鸟，但体色较暗，且多纵纹。鸣禽，栖息于低山、丘陵和山脚平原地带的开阔林地，也见于林缘灌丛、农田、旷野、果园和村寨附近。常集群活动。食谷类，主食植物果实、种子、草籽和谷粒。在中国分布于青海东部至云南东部一线以东的大部分省份，迷鸟见于台湾。巢营于低海拔针叶树幼树枝杈上或阔叶树和竹丛中，雏鸟晚成型。

玉带河湿地公园内为留鸟，栖息于玉带河沿岸树林及林缘灌丛、农田、村寨，数量丰富，优势种。

雄鸟

雌鸟

三道眉草鹀

Meadow Bunting *Emberiza cioides*

雀形目 鹀科

体型略大的棕色鹀，体长135~165mm，雌雄异型。蓝灰色喙粗短呈圆椎状，上喙及下喙端色深，虹膜暗褐色，脚粉褐色；雄鸟：眉纹和下颊纹白色，眼先和髭纹黑色，后颊及耳羽栗红色，额至枕暗栗红色，颏、喉及颈侧灰白色；上体余部栗红色，具黑色纵纹；飞羽暗黑褐色，羽缘淡红褐色，尾羽黑褐色，中央尾羽栗红色；胸红褐色至腹部色淡。雌鸟色较淡，眉线及下颊纹皮黄，胸浓皮黄色。鸣禽，栖息于低山、丘陵和山脚平原地带的疏林地、幼林地、灌丛及农田。常单独或成对活动。杂食性，繁殖期以昆虫为食，非繁殖期以草籽、谷粒、嫩芽和浆果为食。在中国见于西北部、东北大部、华中及华东，冬季有时远及台湾及南部沿海地区。巢营于林缘、林下、路边灌丛与草丛中或枝叶茂密的小松树和灌木枝杈上，雏鸟晚成型。

玉带河湿地公园内为留鸟，栖息于玉带河沿岸树林及林缘灌丛、农田，数量较多，常见种。

小　鹀

Little Bunting *Emberiza pusilla*

雀形目　鹀科

体小而具纵纹的鹀，体长120~140mm，雌雄异型。灰色喙粗短呈圆椎状，虹膜暗褐色，脚红褐色；雄鸟：自鼻孔至枕侧延伸出黑色侧冠纹，其间中央冠纹栗红色，眉纹前部栗色杂以灰白色，后部白色，眼后贯眼纹黑色较细，眼圈粉白色；眼先、颊、耳羽栗色，在头侧形成一栗色脸斑，耳羽后缘由灰白至黑色；其余上体沙褐色具黑色羽干纹，两翼及尾羽黑褐色；颏、喉淡栗色或白色，髭纹黑色，胸和两胁土黄色具黑色纵纹，其余下体白色。雌鸟：似雄鸟，但中央冠纹栗褐色具黑色纵纹。鸣禽，栖息于低山、丘陵和山脚平原地带的疏林地、灌丛、草地及农田。除繁殖期单独或成对活动外，一般集群活动，常与鹨类混群，多在地面觅食。杂食性，主食草籽、谷粒和浆果，也食昆虫。在中国迁徙时常见于东部各地，越冬于新疆极西部、华中、华东及华南的大部分地区，包括台湾。巢营于地上草丛或灌丛中，雏鸟晚成型。

玉带河湿地公园内为冬候鸟，栖息于玉带河沿岸树林及林缘灌丛、草丛、农田，数量丰富，优势种。

灰头鹀

Black-faced Bunting *Emberiza spodocephala*

雀形目　鹀科

体小的黑色及黄色鹀，体长125~150mm，雌雄异型。深褐色喙粗短呈圆椎状，下喙基浅黄色，虹膜深栗褐色，脚粉褐色。雄鸟：头灰色，仅眼先和颏尖黑色；上体棕红色杂以黑色羽干纹，飞羽和尾羽黑褐色，飞羽具红褐色羽缘，尾羽羽缘具灰褐色羽缘，最外侧尾羽具白色楔状斑；喉及上胸灰色，下体余部亮皮黄色。雌鸟：似雄鸟，上体灰色或红褐色具黑色纵纹，眉纹灰白色，下体白色或黄白色，胸及两胁具黑色纵纹。鸣禽，栖息于林缘灌丛、疏林草坡及农田。繁殖期单独或多对活动，非繁殖期常以家族群活动，不断地弹尾以显露外侧尾羽的白色羽缘。杂食性，主食昆虫及幼虫和无脊椎动物，也食草籽、谷粒和种子。在中国繁殖于东北及中西部，越冬于南方地区。巢营于河谷、林间道路两边的次生林、灌丛与草丛中，雏鸟晚成型。

玉带河湿地公园内为冬候鸟，栖息于玉带河沿岸林缘灌丛、草丛、农田，数量丰富，优势种。

[1] 邓学建, 王斌, 钟福生, 等. 2013. 湖南动物志[鸟纲 · 雀形目][M]. 长沙: 湖南科学技术出版社.

[2] 郭冬生, 张正旺. 2015. 中国鸟类生态大图鉴[M]. 重庆: 重庆大学出版社.

[3] 湖南省农林工业勘察设计研究总院. 2015. 湖南通道玉带河国家湿地公园总体规划[R].

[4] 蒋志刚, 江建平, 王跃招, 等. 2016. 中国脊椎动物红色名录[J]. 生物多样性, 24 (5): 500-551.

[5] 李剑志. 2018. 湖南鸟类图鉴[M]. 长沙: 湖南科学技术出版社.

[6] 刘志刚, 吴少武, 陆安信, 等. 2016. 通道县拟建玉带河湿地公园脊椎动物资源调查[J]. 绿色科技, (14) : 14-16.

[7] 刘志刚, 吴少武, 莫晓军, 等. 2019. 湖南首次记录到野生鸳鸯繁殖[J]. 野生动物学报, (2): 516-518.

[8] 曲利明. 2013. 中国鸟类图鉴[M]. 福州: 海峡书局.

[9] 王志宝. 2000. 国家林业局令第七号—国家保护的有益的或者有重要经济、科学研究价值的陆生野生动物名录[J]. 野生动物学报, (5): 49-82.

[10] 杨利勋, 杨玉玮, 陆明鑫, 等. 2018. 湖南通道县发现白眉棕啄木鸟[J]. 动物学杂志, 53 (3): 501.

[11] 约翰.马敬能, 卡伦.菲利普斯, 何芬奇. 2000. 中国鸟类野外手册[M]. 长沙: 湖南教育出版社.

[12] 赵正阶. 1995. 中国鸟类手册(上卷)非雀形目[M]. 长春: 吉林科学技术出版社.

[13] 赵正阶. 2001. 中国鸟类志(下)雀形目[M]. 长春: 吉林科学技术出版社.

[14] 郑光美. 2012. 鸟类学(第2版)[M]. 北京: 北京师范大学出版社.

[15] 郑光美. 2017. 中国鸟类分类与分布名录(第三版)[M]. 北京: 科学出版社.

内　容　提　要

本手册共分三部分，第一部分介绍了湿地鸟类监测技术；第二部分介绍了鸟体的外部形态；第三部分图文并茂地介绍了湖南通道玉带河国家湿地公园鸟类图谱（174种）野外识别特征及生态习性。本手册可供从事湿地公园鸟类资源监测与科普宣教工作的相关人员使用，也可成为林业鸟类资源保护、民间鸟类观鸟爱好者及大、中、小学生的自然教育科普读物。

图书在版编目（CIP）数据

湖南通道玉带河国家湿地公园鸟类监测手册 / 张志强，曾垂亮，陆奇勇编著 . -- 北京：中国纺织出版社，2019.11

ISBN 978-7-5180-5926-3

Ⅰ. ①湖…　Ⅱ. ①张…　②曾…　③陆…　Ⅲ. ①沼泽化地—国家公园—鸟类监测—湖南—手册　Ⅳ. ①Q959.708-62

中国版本图书馆CIP数据核字（2019）第024061号

责任编辑：国帅　闫婷　　责任设计：卡古鸟　　责任印制：王艳丽

中国纺织出版社出版发行
地址：北京市朝阳区百子湾东里A407号楼　邮政编码：100124
销售电话：010—67004422　传真：010—87155801
http: //www.c-textilep.com
中国纺织出版社天猫旗舰店
官方微博 http: //weibo.com/2119887771
北京华联印刷有限公司印刷　各地新华书店经销
2019年11月第1版第1次印刷
开本：880×1230　1/32　印张：6.5
字数：128千字　定价：88.00元